SCIENCE
팩트 체크

팩트 체크

ⓒ 매트 브라운, 2018

초판 1쇄 인쇄일 2018년 4월 11일
초판 1쇄 발행일 2018년 4월 22일

지은이 매트 브라운
그린이 사라 멀바니
번역 곽영직
펴낸이 김지영   **펴낸곳** 지브레인 Gbrain
편집 김현주
마케팅 조명구   **제작·관리** 김동영

출판등록 2001년 7월 3일 제2005-000022호
주소 04021 서울시 마포구 월드컵로7길 88 2층
전화 (02)2648-7224   **팩스** (02)2654-7696

ISBN 978-89-5979-556-7 (03400)

· 책값은 뒤표지에 있습니다.
· 잘못된 책은 교환해 드립니다.

SCIENCE
팩트 체크

매트 브라운 지음 | **사라 멀바니** 그림 | **곽영직** 옮김

아내 헤더에게

우리는 복잡한 과학책 출판사에서

처음 눈이 마주쳤어요.

CONTENTS

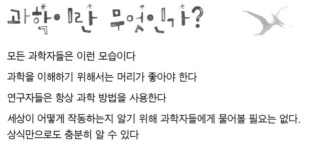

과학이란 무엇인가?   **15**

무한대 그리고 그 너머   **47**

물리학의 최전선   **83**

재미있는 화학   **103**

지구상의 생명체 127

지구라는 이름의 행성   169

우리 몸을 이루는 물질들   187

사이비 과학의 A-Z   201

유명한 과학자들   219

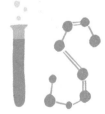

서언

과학은 재미있다!

나는 왕립 화학협회 회원이 준 연필의 옆면에 이 말이 인쇄되어 있던 것을 아직도 기억하고 있다. 그 당시 열두 살쯤이었던 나에게 이 말은 특별한 의미가 있었다.[1] 그리고 지금 나는 대학에서 화학을 전공했고, 지금은 화학 잡지 편집을 하고 있다.

호기심이 많은 사람에게 과학은 정말로 재미있다. 사람이 침팬지에서 진화했다는 사실을 알게 되었을 때 그리고 유리가 사실은 액체이며 빛보다 더 빨리 달릴 수 있는 것은 아무것도 없다는 것을 알

---

1) 연필의 다른 쪽에 붙여져 있던 "화학자를 껴안고 반응을 보자" 라는 문구는 나에게 별로 도움이 되지 못했다. 그러나 그것은 이 책의 주제와는 관계없는 이야기이다.

게 되었을 때 깜짝 놀랐던 경험을 누구나 가지고 있을 것이다. 이런 사실들은 우리 주변 세상에 대해 다시 한 번 생각해보게 한다. 이런 사실들을 알고 있으면 이웃이나 아이들이 질문해올 때 확실한 대답을 해줄 수도 있다.

과학도 재미있지만 과학에 대한 신화를 깨트리는 것은 더욱 재미있다. 텔레비전의 다큐멘터리 프로그램은 우리가 침팬지의 후손이라는 많은 증거들을 보여주고 있지만 사실 우리 중에 침팬지의 후손은 아무도 없다. 지금까지 알고 있던 것과는 달리 유리는 액체가 아니다. 그리고 대부분의 경우에 빛은 세상에서 가장 빨리 달리고 있지만 몇 가지 예외도 있다. 따라서 과학 속 잘못된 개념에 대해 확실하게 알게 되면 신화 뒤에 숨어 있는 과학을 좀 더 깊이 이해하게 될 것이다.

신화를 깨트리는 것은 즐거운 일일 뿐만 아니라 일상생활을 위해서도 중요하다. 세상에는 과학적인 사실 같아 믿을 만하다고 보여지지만 사실은 증명되지 않은 사이비 과학지식이 많다. 의심할 줄 모르는 많은 사람들의 신뢰를 교묘하게 이용하는 산업도 번창하고 있다. 유사 의약품, 해독 식품, 이온 수, 장세척과 같은 것들은 모두 과학적 근거를 가지고 있는 것처럼 보이지만 이들 중 어느 것도 엄밀하고 확실한 과학적 근거를 가지고 있지 않다.

비판적 사고를 바탕으로 한 올바른 판단은 시간과 돈의 낭비를 크게 줄일 수 있을 것이다. 정치가들이나 홍보물들, 신문 기사들 그리고 영향력을 가진 사람들에 의해 과학이 왜곡되거나 잘못 전달되기도 한다. 기후 변화나 항생제 내성에 대한 우려가 높아지고, 유전자 치료법이나 인공지능과 같은 새로운 기술들이 계속 등장하는 오늘날에는 과학을 올바로 이해하는 것이 어느 때보다도 중요하다.

이 책은 과학과 관련된 가장 널리 알려져 있는 오해들을 정리했다. 과학적 사실이라고 알려져 있는 것들 중 일부는 전혀 사실이 아니고, 일부는 한때는 사실인 것으로 알고 있었으나 새로운 증거나 더 나은 증거에 의해 사실이 아니라는 것이 밝혀진 것들이다. 그리고 어떤 것들은 특정한 조건 하에서는 옳지만 전적으로 옳다고 할 수 없는 내용이다. 예를 들어 달이 지구를 돌고 있다는 것은 사실이라고 할 수 있지만 그것이 전적으로 옳은 설명이라고는 할 수 없다.

이 책에서는 과학이라는 말이 수학, 공학, 의학, 기술이라는 말들과 섞여 넓은 의미로 사용되었다. 이 작은 책에서 과학 내용을 자세하게 다루는 것은 가능하지 않기 때문에 많은 경우, 특히 과학 이론을 다룬 부분에서는 기본적인 내용만을 다뤘다. 과학과 종교 사이의 주제들만을 다룬다고 해도 책장 전체를 채울 만한 많은 책들이 필요할 것이다. 또 아사이 베리 잼만큼이나 빠르게 진행되는 생물의 진화나 의심스러운 건강 보조식품에 관한 오해들로도 여러분의 책장을 가득 채울 수 있다.

잘못된 부분을 지적하고 신화를 깨트리는 내용을 다룬 책을 읽다 보면 건방지다는 느낌을 받을 수도 있다. 'I think you'll find …(내

12

생각에 당신은 이러이러한 사실을 알게 될 것이다)'라는 말은 영어에서 가장 상대편을 기분 나쁘게 하는 말이다. 이런 것을 피하기 위해 이 책에서는 비판의 강도를 낮추고 친절하게 설명하려고 노력했다. 같은 이유로 참고 자료를 가능하면 적게 제시하려고 했다. 또한 전문 지식을 넓히기 위한 책이 아니라 다른 사람들과 가볍게 대화를 시작할 때 사용할 수 있는 내용을 다루려고 했다.

그렇다면 여러분은 이미 알고 있던 이야기와 다른 이 책의 내용을 어떻게 더 신뢰할 수 있을까? 좋은 질문이다. 그럴 필요가 없다.

과학이 우리에게 가르쳐 주는 가장 훌륭한 교훈은 세상을 이해하기 위해 다른 사람들을 믿을 필요가 없다는 것이다. 이 책에 포함된 내용을 비롯해서 아무것도 그대로 받아들여서는 안 된다. 독자들은 이 책의 내용을 도약을 위한 발판으로 사용하길 바란다.

과학의 영역은 무한하고, 흥미롭지만 잘못 이해되고 있는 부분도 많다. 과학 속으로 들어가 보자. 그리고 잘못된 생각들을 찾아내 보자!

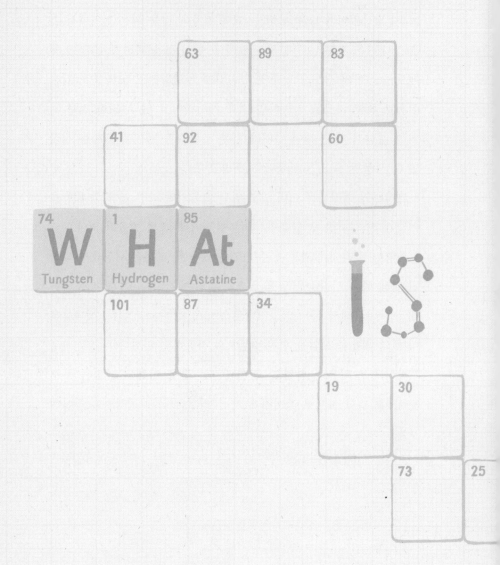

과학이란 무엇인가?

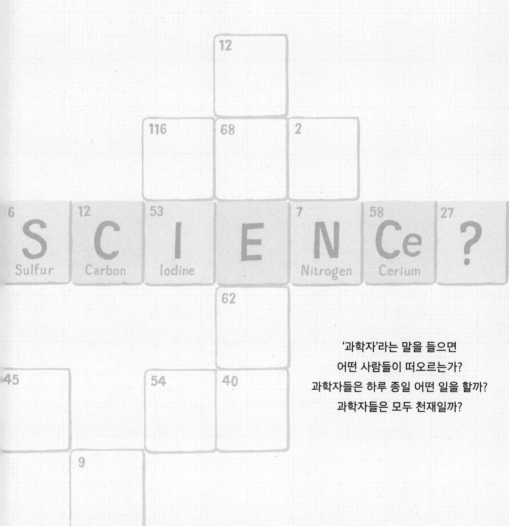

12		
116	68	2

6	12	53		7	58	27
S	**C**	**I**	**E**	**N**	**Ce**	**?**
Sulfur	Carbon	Iodine		Nitrogen	Cerium	

62

45	54	40

9

'과학자'라는 말을 들으면
어떤 사람들이 떠오르는가?
과학자들은 하루 종일 어떤 일을 할까?
과학자들은 모두 천재일까?

모든 과학자들은 이런 모습이다

2001년에 과학 잡지인 네이처지에 인간 게놈의 염기서열이 발표되었다. 이 기념비적인 연구는 국제적인 협조 아래 이루어졌다. 미국, 영국, 일본, 프랑스, 독일, 중국, 아일랜드 그리고 이스라엘에서 온 수십 명의 과학자들이 이 연구를 위해 협조했다. 그들은 24개의 대학과 연구소를 대표하는 과학자들이었다. 하지만 2015년에 발표된 힉스 보존 논문에 기여한 과학자들의 수에 비하면 매우 적은 규모였다. 힉스 보존의 발견을 발표한 논문의 저자는 50개 국가에서 모인 5154명이었다. 나는 이들을 개인적으로 만나본 적이 없지만 이들 중 누구도 다음에서 설명할 과학자와 같은 모습을 하고 있지 않을 것이라고 단언할 수 있다.

과학과 관련된 일을 하는 사람들은 피부 색깔, 종교적 신념, 국적,

성별, 기질, 머리카락의 모양, 체취 등과 아무런 관련이 없다. 과학자가 되기 위해 어떤 일에 미친 듯이 빠져들 필요도 없다. 실제로는 그것이 별 도움이 되지 않는다. 그러나 아직도 과학자라고 하면 한 가지 일에만 몰두하느라고 세상일에는 관심이 없는 '미친 교수'를 연상하는 경우가 많다. 나는 오늘 아침에도 어린 딸과 유치원 어린이들을 위한 텔레비전 프로그램에서 그런 과학자를 보았다.

프랑켄슈타인 박사의 노트북을 거울 삼아 전형적인 과학자들의 일반적인 모습을 분석해 보자.

과학자들의 머리카락은 헝클어져 있다

연구에만 몰두하고 있는 순수한 과학자들은 머리에 신경 쓰지 않는다. 그들은 달걀처럼 머리카락이 하나도 없는 대머리이거나 단정하게 빗지 않은 헝클어진 머리를 하고 있다. 헝클어진 머리의 과학자는 알베르트 아인슈타인의 모습에서 받은 인상 때문일 것이

다. 아인슈타인의 흰 머리카락은 전자들이 이상한 짓을 해서 헝클어 놓은 것처럼 보인다.[2]

머리카락을 크게 부풀린 과학자들의 모습도 텔레비전 드라마나 영화에 자주 등장한다. 〈백투더퓨처〉에 등장하는 에멧 브라운과 젊은 〈프랑켄슈타인〉 역할을 한 진 윌더 그리고 〈인디펜던스 데이〉에서 브렌트 스파이너가 연기한 괴짜 과학자를 떠올려 보자. 대머리 과학자들로는 머펫에 등장하는 분젠이나 X─맨에 나오는 X 교수도 있다(브레이킹 배드에 등장하는 화학 교사 월터 화이트 역시 대머리 과학자 중 한 사람이다. 그러나 그가 머리카락을 잃게 된 데에는 중요한 이유가 있기 때문에 그를 전형적인 대머리 과학자라고 보기는 어렵다).

나는 머리카락이 없는 과학자들도 알고 있고, 풍성한 머리카락을 소유한 과학자들과 곱슬머리나 끝이 날카로운 머리카락을 가진 과학자들도 알고 있다. 그런가 하면 블론드, 갈색, 검은색, 붉은색, 초록색 머리카락을 가지고 있는 과학자도 알고 있으며 이 모든 색깔을 다 가지고 있는 과학자들도 있다. 2012년에 화성에 큐리오시티 로버를 성공적으로 착륙시킨 엔지니어 보박 페르도프스키는 볏 장식 모양의 머리카락 때문에 '모호크족'이라는 별명을 얻었다. 풍성한 머리카락을 가지고 있는 사람들은 과학자들을 위한 룩스리안트 헤어 클럽에 가입할 수도 있다.

---

2) 전자들의 이상한 양자역학적 행동을 알고 있는 사람들은 무슨 말인지 이해할 것이다.

연구자들은 다양한 첨단 분야에서 일하고 있다. 그리고 그들이 다른 어떤 분야에서 일하는 사람들보다도 더 다양한 헤어스타일을 하고 있다는 것은 새삼 언급할 필요도 없는 사실이다.

과학자들은 남성이다

솔베이 회의에 참석한 사람들을 조사해 보자. 20세기 초에 개최되었던 솔베이 회의에는 세계에서 가장 저명한 물리학자들이 참석했다. 1911년에 개최된 제1회 솔베이 회의 참석자들 사진을 보면 20여 명의 과학자들이 테이블 주위에 둘러 앉아 있다. 이들 중 22명은 콧수염을 기른 남성이었고, 여성은 마리 퀴리 한 명뿐이었으며 모두 백인이었다. 16년 후에 열린 제5차 솔베이 회의에는 28명의 백인 남성과 마리 퀴리가 참석했다. 참석자들이 크게 변하지 않았지만 콧수염에 대한 선호도는 조금 줄어들었다.

역사적으로 과학, 의학 그리고 기술은 대부분 남성들이 담당해 왔지만 여성이 완전히 배제된 것은 아니었다. 세계 최초의 컴퓨터 프로그래머라고 인정받고 있는 에이다 러브레이스^{Ada Lovelace, 1815~1852}는 찰스 배비지의 기계적 계산기를 위한 알고리즘을 고안했다. 그리고 매년 10월 중순에 열리는 에이다 러브레이스의 날에는 현재까지 이 분야에 공헌한 여성을 기리고 있다.

러브레이스와 퀴리는 가장 유명한 여성 과학자들이며 이들 외에도 과학의 역사에서 중요한 역할을 한 여성들이 많이 있다. 예를 들면 캐롤라인 허셜Caroline Herschel, 1750~1848은 천왕성의 발견과 성운의 목록 작성을 도왔고, 가장 위대한 화석 전문가였던 메리 아닝Mary Anning, 1799~1847은 플레지오사우르스, 이치요사우루스, 프테로사우루스의 화석을 처음으로 발견했다. 또한 마리아 미첼Maria Mitchell, 1818~1889은 여성에 대한 당시의 편견을 극복하고 뉴욕 바사르 칼리지의 천문학 교수가 되었다.

20세기에는 더 많은 여성들이 과학 발전에 공헌하고 있다. 마리 퀴리는 방사선 연구로 1903년에 최초로 노벨상(물리학) 여성 수상자가 되었다. 8년 후에는 라듐과 폴로늄을 발견한 공로로 노벨 화학상도 수상했다. 그녀의 딸 졸리오 퀴리는 1935년에 노벨 화학상을 수상하여 노벨상을 받은 두 번째 여성이 되었다.

이러한 뛰어난 업적들에도 불구하고 과학에서의 여성의 기회는 최근까지도 제한적이다. 이 글을 쓰고 있는 현재까지 과학 분야에서의 여성 노벨상 수상자는 17명밖에 안 된다. 반면에 남성 노벨 수상자는 200명이 넘는다. 또한 지금도 과학자의 대표적인 인물은 흰가운을 입은 중년 남성이다(원한다면 다른 과학자상을 찾아보자).

과학 분야에서 여성들이 실망스러울 정도로 작은 부분을 차지하고 있는 것은 사실이다. 과학에서의 여성의 역할은 놀라울 정도로 적으며 유네스코는 세계 연구자들의 28.4%가 여성이라고 추정했다. 그런데 이러한 통계는 과학 분야나 나라에 따라 크게 다르다. 라트비아와 같은 몇 나라에서는 남성 연구자들보다 여성 연구자들이 많지만 대부분의 나라에서는 여성의 수가 훨씬 적다. 프랑스에서는 과학 연구자들의 4분의 3이 남성이다. 따라서 여성이 여러 가지 상을 받을 가능성이나 학술회의에 초대되어 발표할 기회가 적고, 위원회의 책임자가 될 가능성도 적다.

이런 결과를 초래한 원인 중 하나는 고용에서 성 차별이 있었기 때문이라고 추정할 수 있다. 그러나 꼭 그런 것이 아닐 가능성도 있다. 2015년 행해진 한 연구에서는 미국 대학의 조교수 채용 내용을 조사했다.[3] 이 조사에 의하면 여성에 대한 선호도가 남성에 대한 선호도보다 거의 2배나 더 높았다. 이는 고용하는 사람이 여성이거나 남성이거나 모두 같았다. 일부에서는 이 결과를 '긍정 차별'이라고 해석했다. 고용하는 사람들이 다른 기준보다 성별 균형을 맞추어야 한다는 생각에 사로잡혀 있기 때문이라는 것이다.

그렇다면 왜 여성들은 대학에서의 고위직에 적게 진출하고 있는 것일까? 논문의 저자들은 그 원인을 여성들에게서 찾아야 한다고 지적했다. 다시 말해 여러 가지 복잡한 이유로 고위직을 원하는 여성들이 적다는 것이다. 그들은 만약 여성들이 고위직에 지원한다면 면담을 통해 같은 능력을 가진 남성들보다 고위직을 차지할 가능성이 크다고 보았다.

---

3) 이 논문은 읽어볼 가치가 있다. 이 논문은 아래 웹사이트에서 쉽게 검색하여 읽을 수 있다. http://www.pnas.org/content/112/17/5360.full

또한 추세는 서서히 변하는 중이다. 많은 서양 국가에서, 적어도 박사 학위 수준에서는 과학을 선택하는 여성과 남성의 수가 거의 같다. 그리고 이런 경향은 고위직으로도 확산되고 있다.

과학자들은 나이 많은 백인이다

전형적인 과학자들은 피부는 물론 머리마저도 흰색으로 그려지는 경우가 많다. 그런데 정확한 통계는 없지만 실제로는 그 반대인 것 같다. 다른 직업과 마찬가지로 대부분의 과학 연구에서도 연구원이나 기술자, 초임 연구원과 같은 낮은 직급에 있는 사람들이 대부분의 실험 연구를 수행하고 있다. 지난 수십 년 동안 세계 곳곳에서 과학 연구 결과가 꾸준히 증가하면서 이들의 역할은 점점 더 중요해지고 있다. 그것은 과학 분야에 일자리가 더 많아졌다는 것을 의미한다. 이런 일자리들 대부분은 젊은 사람들이 차지했다. 텁수룩한 흰 머리카락을 휘날리는 나이 많은 교수는 이제 과학계의 소수가 되어 가고 있는 것이다.

과학자들의 인종 구성은 어떨까? 서양 국가에서는 아직도 백인이 다수를 차지하고 있다. 인구 비율을 감안하더라도 그렇다. 예를 들면 2010년 조사에 의하면 미국에서 과학 분야에 종사하는 사람의 69%가 백인이었다. 전체 인구에서 백인이 차지하는 비율은 64%였다. 그러나 세계 전체를 보면 백인의 우세가 그다지 뚜렷하지 않다. 최근 자료에 의하면 현재 연구 개발의 40%가 아시아에서 이루어지고 있다. 중국에서만 연구 개발의 20%가 진행되고 있다. 중국에서 배출하는 학사 학위 소지자들의 49%가 과학 분야를 전공해 가장 많은 과학 분야 석사 학위 소지자를 배출하고 있다. 인도에서도 과학 분야 전공자들의 수가 증가하고 있으며, 일본과 한국도 강력한 연구 기반을 가지고 있다. 아마도 머지않아 전형적인 과학자의 모습이 젊은 아시아인으로 바뀔 것이다.

과학자들은 항상 실험복을 입고, 보안경을 쓰고 있다

맞다. 이것은 부정할 수 없는 사실이다. 일부 과학자들은 흰 실험실 가운을 입고 보안경을 쓰고 있다. 위험한 물질을 다루거나 옷을 더럽힐 수 있는 물건을 다루는 사람들은 누구나 실험복을 입는다. 또 일부 화학 실험실에서는 의무적으로 플라스틱 보안경을 착용한다. 그런데 과학과 관련된 작업은 생각보다 훨씬 다양하다.

해양 생물학자들은 흰 실험복이 수중 작업에 방해가 될 것이다. 이론 물리학자들은 집에서 많은 일을 한다. 침대에서 안전 장구를 착용하고 있는 사람은 과학과는 다른 일을 하는 사람일 가능성이 크다. 일부 과학자들은 양복을 입고, 많은 과학자들이 일상적인 복장으로 직장에 나간다. 몇몇은 갈색 팔꿈치 보호대가 붙어 있는 코르덴 양복을 입는다. 따라서 과학자가 실험복을 입고 있을 것이라고 생각하는 것은 모든 군인들이 곰 가죽 모자를 쓰고 있을 것이라고 생각하는 것이나 마찬가지이다.

과학자들은 거품이 나는 시험관을 가지고 연구한다

영화에 등장하는 대부분의 과학자들은 이상한 색깔의 유리 용기에서 거품이 보글거리는 약물에 둘러싸여 있다. 그러나 실제 세상의 연구자들은 그들의 연구실을 그런 이상한 장치로 장식하지 않는다. 초보자인 과학자들 대부분은 화학자가 아니기 때문에 빨간 액체나 연기 나는 물질들을 다룰 일이 없다. 시약을 다루는 사람들에게도 영화에 나오는 장면은 이상하게 보일 것이다. 거품이나 연기가 나거나 증발하기 쉬운 물질 그리고 다른 여러 가지 방법으로 물질을 방출하는 물질은 환기 장치가 설치된 보관함에 보관해야 한다.

일반적으로 밝은 색깔의 액체는 학부 학생들의 교육용으로 사용되는 것들이다. 화학 학위를 받는 동안 그리고 생화학 학위를 받는 동안 내가 거품이 나는 시험관을 본 것은 실험실 칵테일파티를 위해 일부 실험용 유리용기를 몰래 사용했을 때뿐이었다.

전문 과학 다큐멘터리에서도 자주 볼 수 있는 또 다른 실험실 장면은 실험실에 있는 많은 빨간 불빛들이다. 특정한 시약을 볼 수 있도록 하기 위해 자외선램프를 사용하는 실험실이 아니라면 이런 것도 찾아보기 어렵다. 텔레비전에서 볼 수 있는 붉은색은 시각적 효과를 위한 것이다. 실험실은 대개 밝은 조명 장치를 갖추고 있고, 흰색으로 칠해져 있다. 이런 실험실은 여러 가지 관측을 위해서는 좋지만 텔레비전 인터뷰를 위해서는 적당한 장소가 아니다.

과학을 이해하기 위해서는
머리가 좋아야 한다

장면: 교외 디너파티. 주인의 친구들이 대화를 하며 서로를 알아가고 있다.

'그래, 무슨 일을 하십니까?'

'저는 과학자입니다. 대학에서 일하고 있어요.'

'와우. 저는 과학자가 될 만큼 머리가 좋지 않아요. 수학은 생각만 해도 머리가 아파요. 머리가 아주 좋으신가 보지요?'

'꼭 그렇지는 않아요. 저는 그저 초파리의 수나 세고 있는 걸요. 무슨 일을 하고 있으신데요?'

'저는 은행에서 일하고 있어요.'

'그래요? 그 많은 숫자와 이율을 다룬다고요? 정말 머리가 좋으신가 보군요.'

과학과 관련된 일을 하는 사람들은 누구나 이와 비슷한 대화를 한 경험이 있을 것이다. 과학이라는 말이 상대방을 당황스럽게 만든다. 과학자라고 말하는 대신 '나는 유리를 부수는 일을 하고 있어요.' 또는 '꿀벌의 춤을 해석하는 일을 하고 있어요.' 라고 말해보라. 상대방이 훨씬 덜 부담스러워 할 것이다. 언론이 과학자들을 대하는 방법에서도 과학자들을 일반인에게서 멀리 떼어놓는 내용들을 발견할 수 있다. 다음 기사 제목들을 살펴보자.

'구름은 은으로 된 안감을 가지고 있지 않다고 지구 온난화 전문가^{boffin}가 말했다'

'전자담배는 폐에 해롭다고 맨체스터 대학의 과학자^{boffin}가 말했다.'

'우울, 의기소침, …… 그리고 페이스북, 트위터 중독? 이들 사이에는 연관성이 있다고 의학 전문가^{eggheads}들이 말했다.'

이 기사 제목들은 모두 과학자들과 독자들을 멀리 떼어 놓는 언어들을 사용하고 있다. 과학자 또는 전문가라는 뜻으로 사용한 boffin이나 eggheads와 같은 단어들은 과학자들을 좀 더 정감 있게 나타내기 위해 사용했는지 모르지만 이 단어들에는 지식인들에 대한 반감이 포함되어 있다. '지구 온난화 전문가^{boffin}'라는 말은 이중적인 어감을 가지고 있다. 기후를 연구하는 뛰어난 사람들이라는 의미와 함께 나는 그런 부류의 사람이고 싶지 않다는 약간 경멸적인 의미도 내포하고 있다.

사람들은 과학은 어렵기 때문에 자신들을 위한 것이 아니라 과학자들boffins이나 전문가들eggheads 만을 위한 것이라고 생각한다. 그러나 과학은 인간의 기본적인 본능인 세상에 대한 호기심으로부터 시작되었다.

어린이들은 '왜 그런가?' 또는 '왜 그렇지 않은가?' 하고 질문하는 것을 멈추지 않는다. 하지만 나이가 많아짐에 따라 본능이 점차 사라진다고 생각하는 사람들이 있다. 그런가 하면 학교 교육이 과학에 대한 관심을 사라지게 했다고 주장하는 사람들도 있다.

정말 그럴까? 모든 사람들은 '화성에서 생명체가 발견되었다' 라는 제목의 기사를 찾아 읽을 것이다. 치매를 치료하는 약품이나 머리를 좋게 하는 약품에 관심이 없는 사람들도 거의 없을 것이다. 중력파나 힉스 보존과 같이 쉽게 이해할 수 없는 개념들에 대해서도 사람들은 큰 관심을 보인다. 과학 축제와 같이 사람들이 과학에 흥미를 가지고 있다는 것을 보여 주는 '다양한 행사들'을 보자. 사람들은 과학을 싫어하는 것이 아니라 과학을 하는 사람이 되기를 싫어하는 것이다.

아마도 과학자가 되기 위해서는 약간의 재능이 필요할 것이다. 많은 어린이들이 과학을 어려워하고, 결국은 포기한다. 반대로 과학을 즐기는 사람들 중 인문학에 어려움을 느끼는 이들도 있다. 과학에서는 결과를 예측하기 쉽다. '탄소 원자에는 몇 개의 전자가 들어 있는 가?'라고 묻는 문제에는 단 하나의 정답만 존재한다. 그러나 맥베스가 던칸을 살해한 동기에 대해 설명하라고 요구하는 영문학 문제는 어떨까? 과연 답을 내기 위해 어디에서부터 시작해야 할까? 적어도 저학년 수준의 과학에는 명확한 규칙과 확실한 정답이 존재하지만 인문학에서는 더 많은 주관적 설명을 요구한다.

물론 더 높은 수준으로 올라가면 과학도 점점 전문화된다. 세포 생물학을 배우는 학생들은 많은 새로운 용어들을 이해하고 기억해야 한다. 세포 분열, 감수분열, 소포체, ADP, 골지체와 같은 용어들은 쉽게 익숙해지기 어려운 단어들이다. 그런데 수백만의 크리켓 팬들도 무득점 오버, 선수들의 포지션, 경기상황을 나타내는 어려운 용어들을 이해해야 한다.

그렇다면 수학은 어떤가? 과학이 온통 방정식과 수식들이라는 생각 때문에 과학을 포기하는 사람들이 많다. 그것은 사실이다. 대부분의 과학 과목은 어느 정도의 수학을 필요로 한다. 그러나 회계나 은행 업무, 배관공, 사진기술, 비디오 게임 설계 그리고 다른 많은 분야에서도 수학을 필요로 하고 있다.

또한 다른 모든 분야에서와 마찬가지로 과학에서도 성공하기 위해서는 좋은 머리보다 자신이 하는 일에 애정을 가지고 열정을 쏟는 것이 중요하다. 따라서 크리켓 경기처럼 과학도 기본적인 규칙과 용어를 배우기 위해 약간만 투자하면 일생 동안 즐길 수 있을 것이다.

연구자들은
항상 과학 방법을 사용한다

완전한 세상에서는 모든 연구가 과학 방법에 의해 수행될 것이다. 과학 방법이란 다음과 같은 연구를 위한 일종의 레시피이다.

- '왜 이 파스타 팬에서는 거품이 생기지 않을까?'와 같은 질문을 만든다.
- '지켜보는 그릇은 절대로 끓지 않는다'와 같은 가정을 만든다.
- 파스타를 끓이는 데 필요한 시간을 측정하여 가설을 검증한다. 지켜보고 있지 않을 때 더 빨리 끓는가?
- 결론을 내리기에 충분한 실험 결과를 수집한다. 수십 가지 다른 경우에서 끓는 데 걸리는 시간을 측정해야 한다. 여기에는 지켜보고 있을 때와 지켜보고 있지 않을 때 끓는 데 걸린 시간

이 포함돼야 한다. 실험결과가 결론을 내리기에 충분하지 검토한다. 훌륭한 과학자는 다른 그릇이나 다른 양의 물로 실험할 것이고 지켜보는 시간도 달리해서 실험할 것이다. 다른 식재료를 가지고도 실험할 것이고, 난로의 온도와 압력도 변화시켜가면서 실험할 것이다.

- 결론을 내린다. 지켜볼 때와 지켜보지 않을 때 별다른 차이가 없었다. 그릇에 있는 물이 끓는 데 걸리는 시간은 그것을 지켜보는 것과는 아무 관계가 없다.

실제로는 과학에서 과학 방법대로 연구가 진행되는 경우는 드물다. 연구는 역동적이며, 빠르게 진화하고, 성가시고 힘든 일이다. 식품 과학자는 가설이 말도 안 되는 것이라고 판단될 때는 재빨리 연구를 중단할 것이다. 그는 곧 요리 시간에 따른 파스타의 맛이나 식감과 같은 더 흥미 있는 다른 주제에 대해 연구할 것이다. 경쟁 연구소에서 연구비 전부를 소스 개발에 사용했다는 정보를 듣게 되어도 연구 주제를 바꿀 것이다. 그런가 하면 아무런 가설도 없이 파스타를 오렌지 주스에서 24시간 끓이면 어떻게 되는지 알고 싶어 할 수도 있다. 과학자들은 과학 방법을 따르는 것만큼 직감, 기분, 우연에 의해서도 새로운 사실을 알아낸다.

이것은 과학자들이 하는 일이 엉성하다거나 우연에 의해 좌우된다는 것을 이야기하려는 것이 아니다. 훌륭한 과학자들의 직감이나 예상, 희망이나 절망이 과학 연구의 동기를 제공하기는 하지만 그들은 측정이 확실하도록 모든 것을 적절하게 조절하고, 확인하며, 균형 감각을 가지고 반복적으로 실험한다.

한편으로는 과학의 모든 분야에서 실험을 하는 것은 아니다. 예를 들면 블랙홀 안에서 어떤 일이 일어나는지 어떻게 알 수 있을까?

수수께끼 같은 천체인 블랙홀에서는 아무것도 탈출할 수 없다. 블랙홀 안에 들어가 우리의 가설이 옳은지 알아보기 위한 실험을 한다는 것은 불가능하다. 그렇게 하는 것이 가능하다고 해도 블랙홀 안에서 보내는 신호가 블랙홀을 빠져 나올 수 없기 때문에 밖에 그 사실을 알려줄 방법이 없다. 이밖에도 실험에 장애가 있는 과학의 다른 분야는 많다. 다중 우주가 있다는 것을 어떻게 증명할 수 있을까? 거대 하드론 충돌 가속기^{LHC}에서 낼 수 있는 에너지보다 10나 더 큰 에너지를 가지고 있는 입자들이 충돌하면 어떤 일이 일어날까?

적어도 현재의 기술로는 이런 아이디어를 시험해보는 것이 불가능하다. 때문에 어떤 사람들은 불안해한다.

과학적 이론이 되기 위해서는 '반증'이 가능해야 한다. 과학 이론은 관찰과 실험을 통해 확인되어야 한다. 만약 어떤 사람이 달이 치즈로 이루어져 있다는 가설을 제시했다면 달에 가서 시료를 채취해 라쟈냐를 만들어 보면 그 가설이 옳은지 그른지 확인할 수 있다. 따라서 이 이론은 반증 가능한 이론이다. 염소 똥을 머리에 문지르면 대머리가 치료된다는 가설이 사실인지 알아보기 위해서는 염소 똥을 실제로 대머리에 바르고 어떤 일이 일어나는지 지켜보면 된다.

한 번의 실험으로는 충분하지 않다. 따라서 많은 대머리 환자들에게 염소 똥을 발라 보는 체계적인 임상실험을 해야 할 것이다. 실험 참가자가 충분히 많다면 염소 똥이 대머리 치료에 효과가 있는지에 대한 의미 있는 결론을 이끌어낼 수 있을 것이다. 따라서 이 이론 역시 반증 가능한 이론이다.

이제 어떤 사람이 블랙홀은 사후 세상으로 통하는 문이라는 이론을 제시했다고 가정하자. 블랙홀로 들어가면 세상을 떠난 사랑하는 사람들의 영혼과 만날 수 있다는 주장이 옳다는 것을 증명하거나 틀렸다는 것을 확인할 수 있을까? 그것은 가능하지 않다. 따라서 이 가설은 반증 가능하지 않으므로 과학적 이론이 아니다.

앞의 예는 말도 안 되는 예처럼 보일 것이다. 그러나 잘 정립된 이론들 중에도 반증이 가능하지 않은 것들이 많다. 끈 이론을 예로 들어보자.

끈 이론에서는 세상이 여러 차원을 차지하고 있는 (이에 대해서는 뒤에서 다시 다룰 것이다) 작은 끈으로 이루어져 있다고 주장한다. 끈 이론은 우리가 알고 있는 가장 작은 세상(양자 세상)과 가장 큰 세상(우주)을 같은 방정식으로 다루고 있다. 따라서 '만능 이론'이라고도 부른다. 그러나 문제는 끈 이론에서 예측하는 결과를 실험을 통해 증명하거나 부정할 수 있는 방법이 없다는 것이다. 끈 이론에서 다루는 에너지는 가까운 미래에 우리가 만들어낼 수 있는 에너지를 훨씬 능가한다. 100년 전에 달이 치즈로 이루어져 있다는 가설을 증명할 방법이 없었던 것과 마찬가지이다.

지질학과 같은 지구과학 분야에서도 과학 방법을 따르는 경우가 드물다. 지질학자들은 토양의 구성 성분과 역사를 알기 위해 야외에서 암석과 토양 시료를 수집한다. 그들은 실험을 거의 하지 않고 증거를 수집할 뿐이다. 그러나 이것도 과학 방법의 하나이다.

이런 사실들을 종합해보면 우리가 과학이라고 부르는 활동에는 전통적인 과학 방법과는 다른 다양한 활동이 포함되어 있다. 과학 방법은 과학자들이 만든 것이 아니라 과학사를 연구하는 사람들이 만든 것이다. 일부 과학적 사실들은 운에 의해 발견되었고, 어떤 것은 여러 가지 실험들을 종합하여 발견했다. 일부 과학 분야에서는 실험과 실험 결과를 전혀 사용하지 않고 순수하게 이론적인 연구만 하거나 컴퓨터 모델만을 사용하여 연구하기도 한다. 따라서 아마도 가장 훌륭한 과학은 어떤 사람이 '왜 이런 일이 일어날까?' 하고 의문을 가질 때 시작될 것이다.

세상이 어떻게 작동하는지 알기 위해
과학자들에게 물어볼 필요는 없다.
상식만으로도 충분히 알 수 있다

세상은 참으로 이상한 장소이다. 상식은 태양이 동쪽에서 떠서 서쪽으로 진다고 이야기한다. 그러나 좀 더 자세히 관측해보면 태양은 거의 움직이지 않는다. 지구의 자전으로 인해 태양이 하늘을 가로질러 달리고 있는 것처럼 보일 뿐이다.

50까지의 숫자가 쓰여 있는 공으로 추첨했을 때 1, 2, 3, 4, 5 그리고 6이 차례로 나왔다면 무언가 잘못된 것이 아닐까 하는 생각을 할 것이다. 이런 것이 나올 확률이 아주 작다는 것이 우리의 상식이기 때문이다. 그러나 간단한 통계 분석에 의하면 이런 숫자 조합이 나올 확률이나 다른 특정한 숫자 조합이 나올 확률은 똑같다.

상식에 의하면 무거운 물체가 가벼운 물체보다 더 빨리 떨어져야 할 것 같다. 그러나 수백 년 전 갈릴레이의 실험에 의하면 이것은 사실이 아니다.

세상은 우리의 직관과 항상 일치하는 것은 아니다. 심지어는 한 잔의 커피를 만들 때도 잘못된 개념이 개입되어 있다. 내 친구 지오 프는 최근 그가 좋아하는 커피가 480개씩 포장되어 있다는 것을 알 게 되었다. 그 친구는 '왜 500개씩이 아니고 480개씩 포장되어 있 을까?' 하고 의아하게 생각했다. 포장 단위로는 500이 480보다 더 편리해 보이기 때문이다. 사람들은 물건의 수가 10의 배수인 것을 좋아한다. 아마도 손가락이 10개이기 때문일 것이다. 따라서 500이 480보다 편리한 숫자라고 생각하는 것이다. 그러나 그것은 사실과 다르다.

조금만 냉정하게 살펴보면 480이 500보다 훨씬 편리한 숫자라는 것을 쉽게 알 수 있다. 480은 24개의 약수를 가지고 있다. 다시 말 해 나머지 없이 나눌 수 있는 숫자가 24개이다. 480의 약수를 차례 대로 써보면 1, 2, 3, 4, 5, 6, 8, 10, 12, 15, 16, 20, 24, 30, 32, 40, 48, 60, 80, 96, 120, 160, 240 그리고 480이다. 그러나 이와는 대 조적으로 편리해 보이는 500의 약수는 12개(1, 2, 4, 5, 10, 20, 25, 50, 100, 125, 250 그리고 500)뿐이다.

많은 사람들이 모이는 커피 타임을 준비할 때는 커피를 가능한 여 러 가지 방법으로 분배하는 것이 좋을 것이다. 우리는 누구나 이와 비슷한 경험을 해봤을 것이다. 이것은 인치나 피트 같은 단위가 아 직도 사용되고 있는 이유이고, 하루를 24시간으로 정한 이유이다.

12나 24는 10이나 20보다 더 많은 수의 약수를 가지고 있어 여러 가지 계산에 편리하다.

과학과 수학은 우리가 가지고 있는 편견을 바로잡는 가장 좋은 방법이다. 양자 세계에서는 더욱 그렇다. 원자 또는 원자보다 작은 입자들의 세계에서는 상식으로는 도저히 이해할 수 없는 이상한 일들이 일어나고 있다. 입자가 아무것도 없는 곳에서 튀어나오기도 하고, 갑자기 사라지기도 한다. 그런가 하면 동시에 두 가지 상태에 존재하기도 한다. 상식적으로는 이런 세상을 상상도 할 수 없지만 엄밀한 이론적 분석과 수많은 실험을 통해 이것이 사실이라는 것이 증명되었다.

소위 말하는 상식은 일상 경험의 축적을 통해 형성되었다. 아인슈타인의 설명에 의하면 상식은 단지 우리의 일상 경험을 통해 얻어진 편견들의 집합에 지나지 않는다. 인간은 양자 세상을 직접 경험할 수 없고, 거대한 우주를 내다볼 수 없다(고차원의 세계는 차치하더라도). 우리의 제한된 경험에 의해 형성된 상식만으로는 더 넓은 세상에 대해 아주 조금밖에 알 수 없다.

과학적 결론은 항상 옳다

최근 가장 많이 인용되고 있는 논문 중 하나는 자연에 존재하는 기본적인 힘을 다룬 논문이나 세포 내의 대사 작용을 다룬 논문이 아니라 과학자들이 어떻게 연구를 하고 있고 그것을 발표하는지를 다룬 논문이다.

존 이오아니디스^{John Ioannidis}가 2005년에 발표한 '왜 출판된 논문 대부분의 내용이 사실이 아닐까?'라는 제목의 논문은 제목으로부터 예상할 수 있는 것처럼 상당한 논란을 불러왔다. 2015년에 이전에 저명한 잡지에 실렸던 100개의 심리학 실험을 다시 해본 결과를 담은 또 다른 논문은 이 문제를 더욱 부각시켰다.

이 논문에 의하면 3분의 1 정도만 원래의 논문과 같은 결과를 얻었고 나머지 3분의 2의 논문에 실린 결과는 의심스러운 것이었다.

왜 이런 일이 일어날까?

출판된 연구 결과의 많은 부분이 틀릴 수 있다는 것은 심각한 문제이다. 연구 결과의 발표가 과학을 이끌어가고 있다. 과학자가 되기 위해서는 실험 결과를 논문으로 써 학술 잡지를 통해 발표해야 한다. 과학자의 명성은 대부분 얼마나 많은 논문을 어떤 잡지에 발표하느냐에 의해 결정된다. 따라서 유명 잡지에 논문을 발표해야 한다는 압력은 과학자들에게 큰 부담이 되고 있다. 반면에 학술잡지의 발행인들은 자신의 사업을 성장시키기 위해 새로운 학술잡지를 발간하고, 더 많은 우수한 논문을 실어야 한다는 압력에 시달리게 된다. 그런데 과학자나 학술잡지 발행인들의 이러한 노력은 모두 논문의 질적 향상에 큰 영향을 주지 않는 것으로 밝혀졌다.

유명 학술잡지 편집자들은 잡지에 실을 논문의 오류를 찾아내기 위한 논문 심사 과정을 운영하고 있다. 출판사에서는 잡지에 실리기를 원하는 논문의 초안을 같은 분야에서 일하는 여러 명의 심사위원들에게 보내 심사를 받는다. 대부분 논문의 저자는 심사위원이 누구인지 모른다. 심사위원들은 논문을 심사한 후 원고의 수정 사항이나 저자가 내린 결론을 지지하는 데 필요한 추가적인 실험을 요구하는 내용을 포함한 심사 결과를 편집자에게 보낸다. 편집자는 저자와 심사위원의 견해를 수용할 것인지에 대해 의논한다. 모든 사람들이 만족한 결론에 이르면 논문은 출판되어 과학 역사의 일부가 된다.

이러한 논문 심사 과정은 일부 잘못된 내용을 추려낼 수 있지만 전부 추려낼 수 있는 것은 아니다. 다른 사람들이 하는 모든 종료의 실수를 과학자들도 한다. 과학자들은 무의식적으로 자신들의 실험 결과를 조작한다. 자신들이 예측했던 것과 같은 실험 결과에 더 많은 비중을 두고 그렇지 않은 결과는 오류로 취급하기도 한다. 통계에 대한 충분한 소양이 없는 사람들은 자신들이 수집한 표본의 크기가 너무 작다는 것을 알아차리지 못하기도 하고, 측정 결과가 의미를 가지기에 너무 작다는 것을 간과하기도 한다. 일부 과학자들은 자신들의 연구 성과를 과장하기 위해 의도적으로 결과를 왜곡하기도 한다.

이런 오류들을 찾아내는 것은 어려운 일이다. 저자들이 자료의 원본을 제출하는 경우는 드물다. 편집자에게 보낸 논문에는 자료가 그래프나 표로 잘 정리되어 있거나 논문 내용 중에 자세하게 설명되어 있다. 따라서 저자가 논문에 포함할 자료를 적당히 선택했다는 것을 논문 심사위원들이 알기는 어렵다. 심사위원들이 원래의 자료들을 모두 볼 수 있다고 해도 그들이 새롭게 통계적 분석을 할 능력이 없거나 있다고 해도 그럴 의도가 없을 수도 있다(많은 경우 심사위원들은 무보수이다). 이 모든 사실을 종합하면 잘못된 내용을 담고 있는 논문의 출판이 이상할 것은 없다.

그렇다면 이로 인해 과학이 설 자리를 잃게 되고 과학에 대한 신뢰가 크게 하락하게 되는 것일까? 그렇지 않다. 과학자 사회가 스스로 이 문제를 해결한다. 논문에 발표된 내용이 사실이 아닌 경우 다른 과학자들에 의해 그 사실이 발견된다. 일반인들에게까지 알려지는 과학적 사실들은 세심한 검토과정을 거친 것이고, 다른 과학자들에 의해 확인된 사실들이다. 인간 활동이 기후에 주는 영향과 같이 과학자 사회가 합의한 중요한 과학적 사실들은 모든 가능한 방향에서 검토되고 증명된 것들이다.

또한 잘못된 내용이 포함된 논문의 출판을 줄이기 위해 현재도 다각적으로 노력하고 있다. 예를 들어 공개 과학 체제Open Science Framework에서는 논문 저자들에게 연구를 시작하기 전에 연구주제를 등록하게 하고, 모든 사람들이 검토할 수 있도록 전체 자료를 출판하도록 권유하고 있다.

과학과 종교는 항상 반대이다

　종교와 과학은 모두 우리의 기원과 우주에서의 우리의 위치를 찾기 위해 노력한다. 종교와 과학은 세상을 이해하기 위해 경쟁하고 있다. 종교는 믿음과 신앙 행위를 바탕으로 하고, 과학은 측정과 관찰 그리고 증거를 바탕으로 하고 있다는 것이 다르다. 따라서 종교와 과학은 서로 대체 가능하지 않다. 종교가 과학이 될 수 없는 것처럼 과학도 종교가 될 수 없다.

　종교와 과학이 충돌한 대표적인 예가 갈릴레이이다. 갈릴레이가 지구가 태양 주위를 돌고 있다는 지동설을 지지했다는 이유로 종교재판에서 가택연금 형에 처해졌었다는 것은 잘 알려진 사실이다. '이단의 강력한 혐의'가 그의 죄목이었다. 갈릴레이는 자신의 잘못을 인정하여 사형을 면할 수 있었지만 죽을 때까지 가택 연금 상태로 지내야 했다. 그런데 갈릴레이는 우주를 초자연적으로 설명하는 견해에 도전하여 처벌된 첫 번째나 마지막 이성적 사상가가 아니었다.

갈릴레이의 예만으로는 종교와 과학의 복잡한 관계를 제대로 파악할 수 없다. 우리가 알고 있는 한 갈릴레이는 교회의 성직자들과 충돌한 후에도 신실한 가톨릭교회 신자로 남았다. 갈릴레이는 종교적이었을 뿐만 아니라 교회에서 직책을 맡고 있던 니콜라스 코페르니쿠스의 천문체계를 발전시켰다. 그 시대는 서양 사람들이 기독교 신자였던 시기였다. 신의 존재에 의심을 품었던 사람들은 자신의 생각을 숨기고 있었다. 그렇지 않으면 사람들로부터 소외되거나 처형당했다. 따라서 20세기 이전의 대부분의 과학자들은 적어도 표면적으로는 종교적이었다.

신앙심이 깊었던 과학자 중 한 사람이 아이작 뉴턴이다. 천체들의 운동을 설명할 수 있는 운동법칙과 중력법칙을 밝혀냈으며, 미적분법을 발명했고, 빛을 분석해낸 뉴턴은 진지한 영적인 사상가이기도 했다. 그는 과학 저서들보다 신앙과 관련된 저서가 더 많다.

영국 국교회의 전통 속에서 자란 뉴턴이었지만 자유 사상가였던 그는 후에 영국 국교회의 신앙과는 다른 신앙을 갖게 되었다. 그는 삼위일체를 부정하고 메시아를 숭배하는 것을 우상숭배라고 믿었지만 이를 비밀에 붙였다. 뉴턴과 같은 위대한 과학자마저도 이단이라는 비난으로부터 자유로울 수 없었던 것이다.

신앙심이 깊었던 또 다른 과학자 중에는 그레고르 멘델이 있다. 멘델은 크기, 색깔, 모양과 같은 식물의 특성이 한 세대에서 다음 세대로 전달되는 것을 밝혀내 현대 유전학의 아버지라고 알려져 있다. 그의 논문은 1866년에 출판되었지만 20세기에 과학자들이 유전에 대한 많은 것을 알아낼 때까지는 널리 받아들여지지 않았다.

현대 과학의 주춧돌이 된 생물학적 연구나 기상학 연구로 바빴던 멘델은 종교적인 사람이기도 했다. 그것도 아주 신실한 종교인이었다. 멘델 사진을 찾아보면 성직자 복장을 하고 있는 모습을 쉽게 발견할 수 있다. 그것은 그가 영국 국교회 수도사였고 후에 수도원장으로 일했기 때문이다. 멘델에게는 다른 많은 사람들에게서와 마찬가지로 신을 믿는 것이 자연을 연구하는 데 아무런 문제가 되지 않았다.

과학자이면서 신앙을 가지고 있던 사람으로 갈릴레이, 뉴턴, 멘델만 있었던 것은 아니었다. 신앙을 가지고 있었으면서도 과학과 관련된 일에 종사한 사람들의 명단에는 유명한 과학자들을 비롯해 많은 사람들이 포함되어 있다.

로버트 보일, 요하네스 케플러, 고트프리드 라이프니츠, 조셉 프리스틀리, 알레산드로 볼타, 마이클 패러데이, 제임스 클럭 맥스웰, 켈빈 같은 사람들이 대표적인 사람들이다.

13세기 과학적 연구의 선구자인 로저 베이컨은 프란체스코 수도회의 수도사였다. 1833년에 '과학'이라는 말을 처음 사용한 윌리엄

휘웰은 기독교 신학자이기도 했다. 위키피디아에 실려 있는, 과학자이면서 신앙을 가지고 있던 사람들의 명단은 200여 명이 넘는다. 그러나 이것은 기독교 신자들만 포함한 것이다.

이슬람 국가에도 과학 발전에 공헌한 사람들이 많았다. 현대 과학은 중세에 고대 저작물들을 보존했던 이슬람 학자들에게 큰 빚을 지고 있다. 위키피디아에는 이슬람 과학자들의 명단도 실려 있다. 여기에는 기독교 신앙을 가졌던 과학자들보다 더 많은 사람들이 포함되어 있다. 그리고 다른 종교에서도 종교적이었던 과학자들을 많이 발견할 수 있다.

이것은 과학과 종교가 오랫동안 평화적으로 공존했다는 것을 나타낸다. 갈릴레이의 경우와 같이 일시적으로 종교와 과학 사이의 평화가 깨진 적이 있기는 했지만 그것도 상당히 과장되어 알려져 있을 뿐이어서 실제로는 그렇게 심각하지 않았다. 과학자들이 종교에 반대할 필요가 없었던 것이다.

현대 과학자들도 신앙을 가지고 있거나 적어도 영적인 견해를 가지고 있고, 신앙으로부터 창조적인 영감을 얻기도 한다. 프랜시스 콜린스는 가장 좋은 예이다. 인간 게놈 프로젝트를 주도했던 그는 현재 미국 국립 건강 연구소 책임자로 일하고 있다. 가장 뛰어난 과학자인 동시에 가장 신실한 기독교 신자인 그는 종교와 과학 사이의 상호 보완적인 관계에 대해 연설하기도 했다.

바티칸도 교황 과학 아카데미를 운영해왔다(콜린스도 여기에 소속돼 있다). 나는 '교황 천문학자'인 가이 콘솔마노를 만난 적이 있다. 그는 바티칸 천문대 대장이며 뛰어난 운석 연구자이다.

이런 예는 얼마든지 찾아낼 수 있다. 이것은 과학과 종교의 관계가 사람들이 생각하는 것처럼 심각하지 않다는 것을 나타낸다.

아직도 가장 기본적인 문제들은 과학적으로 해결하지 못하고 있다. 인간의 의식은 무엇일까? 생명체는 어떻게 시작되었을까? 왜 세상이 존재하게 되었을까? 과학자들은 이런 문제들에 대해 여러 가지 해답을 제시하고 있지만 궁극적인 답을 찾아내지는 못하고 있다.

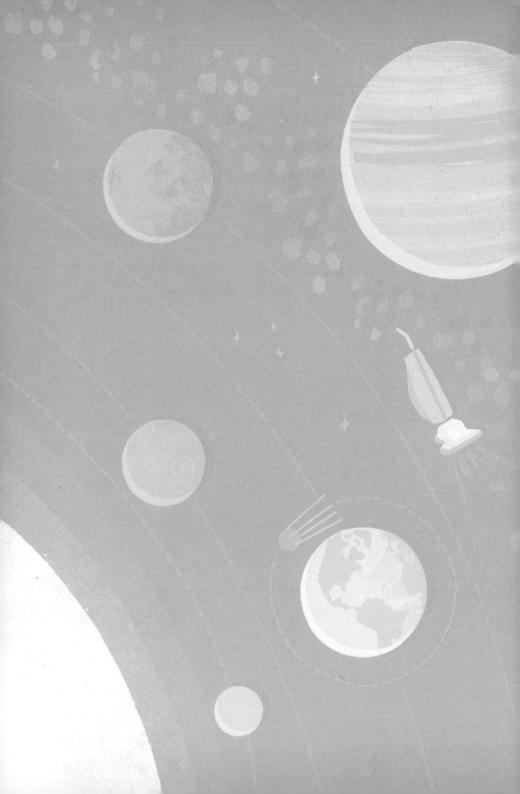

무한대 그리고 그 너머

성층권으로 그리고 별 세계로

라이트 형제는 최초로 공기보다
무거운 물체를 날게 했다

더글러스 애덤스의 말을 빌리면 비행은 자신을 땅 위로 던져서 사라지게 하는 예술이다. 인류는 지구상에서 살아오는 동안 이 예술을 크게 발달시키지 못했다. 신화 속 가장 유명한 비행사 이카로스는 날개가 떨어져 추락하고 말았다.

인류가 하늘을 날게 된 것은 18세기 후반에 최초로 기구를 발명

한 후의 일이다.[4]

1903년 라이트 형제가 최초로 날개 달린 비행기로 하늘을 날 때까지는 온도와 바람의 도움을 받아 하늘을 나는 기구가 사람을 하늘로 데려다 주는 유일한 비행체였다. 여기까지는 누구나 알고 있는 상식이다. 그런데 사실 공기보다 무거운 물체가 하늘을 날기 시작한 것은 라이트 형제가 태어나기 훨씬 전부터였다. 최초로 하늘을 난 사람은 80번째 생일을 앞둔 요크셔 사람이었다.

조지 케일리는 매우 성공적인 인생을 산 사람이었다. 다재다능했던 그는 스스로 빛을 내는 구명보트, 좌석 벨트, 초기 내연 기관, 아직도 자전거 바퀴로 사용되고 있는 바퀴살이 달린 바퀴와 같은 많은 것들을 발명했다. 또한 의회 의원으로도 활동했고, 웨스트민스터 대학의 전신인 왕립 폴리테크닉 연구원을 설립하기도 했다.

---

4) 또 다른 잘못된 상식. 몽골피에 형제가 기구를 이용하여 비행한 최초의 사람들이라고 알려져 있지만 그것은 사실이 아니다. 그들 중 한 사람인 에티엔은 1783년 10월 15일 경에 최초로 기구를 이용해 하늘로 올라갔다. 그의 기구는 땅 가까이에 줄로 매여져 있었기 때문에 본격적인 비행이라기보다는 시험 비행이었다. 따라서 최초 기구 비행의 영광은 필레트레 드 로지어와 마르쿠스 프랑쉐스 달랑데스에게 돌아가야 할 것이다.
몽골피에가 고안한 기구를 이용했던 그들은 1783년 11월 21일에 파리를 가로질러 약 8km를 비행하는 데 성공했다. 이 시기는 놀라운 일들이 연속적으로 일어난 시기였다. 최초의 열기구 비행이 있고 10일 후에 자크 샤를과 니콜라스 루이스 로버트가 파리에서 세계 최초로 헬륨 기구로 하늘을 나는 데 성공했다. 수천 년 동안 하늘을 나는 것을 꿈꾸어 온 인류에게 불과 2주 동안 하늘을 나는 두 가지 방법이 발견됐다는 것은 놀라운 일이 아닐 수 없다. 알려진 바에 의하면 기구 비행 기술과 관련해 널리 알려져 있는 몽골피에 형제들은 실제로는 한 번도 기구 비행을 하지 않았다.

케일리는 말년에 그의 생애에서 가장 위대한 업적인 날개를 이용한 최초의 비행을 성공시켰다. 그는 일생동안 이것을 준비했다. 60년 전이었던 10대에 쓴 노트에는 날아가는 기계장치의 그림이 그려져 있었다. 오랫동안 날아가는 물체에 영향을 주는 네 가지 힘인 추진력, 저항력, 중력, 양력에 대해 공부한 그는 1853년에 일생 동안 연구했던 모든 것들을 결합하여 영국 스카브로 부근에 있는 브롬프턴 데일의 야외에서 일생 최대의 업적을 성공시켰다.

케일리는 어른이 탈 수 있는 좌석을 부착한 커다란 글라이더를 만들었다. 바퀴 달린 보트 모양의 나무 조종실이 판자로 만든 날개 아래 달려 있었으며 두 개의 꼬리로 안정을 유지했다. 후에 한 신문은 그의 글라이더를 '새처럼 하늘을 나는데 필요한 여러 가지 장치들이 달린 가벼운 비행물체'라고 설명했다.

나이가 많았던 케일리는 직접 비행기를 탈 수 없어 그의 마부였던 존 애플비가 첫 비행을 했던 것으로 보인다. 이 첫 번째 비행사에 대해서는 알려진 것이 거의 없다.

언덕 위에서 날린 이 비행체는 땅에 떨어질 때까지 약 150m를 날았다. 케일리는 초기 모형 비행기와 어린이가 타는 초기 글라이더도 만들었지만 브롬프턴 데일에서 있었던 이 짧은 비행 기록이, 남아 있는 세계 최초의 날개를 이용한 비행이었다.

그 후 수십 년 동안 많은 다른 글라이더 비행사들이 하늘을 날았지만 비행과 관련된 기술들은 크게 나아지지 않았다.

라이트 형제는 글라이더를 이용한 수백 번의 예비 비행 후에 최초로 엔진을 장착한 비행기로 하늘을 나는 데 성공했다.

1903년 12월 17일에 노스캐롤라이나에서 동력 비행기인 키티 호크로 그들이 역사를 새롭게 쓰면서 세상은 예전보다 훨씬 작아지게 되었다.

스푸트니크는
우주에 올라간 첫 번째 인공 물체였다

60년 전에 변기 크기의 금속 공이 세상을 바꿔 놓았다. 1957년 10월 4일에 소련이 발사한 스푸트니크 1호가 단파를 수신할 수 있는 사람이면 누구나 들을 수 있는 신호를 내면서 3개월 동안 지구를 돌았다. 이때까지 인류 역사상 이렇게 간단한 신호가 많은 감동을 불러일으킨 적은 없었다. 일부에서는 전체주의 국가가 지구의 하늘을 지배하게 되는 미래에 대해 걱정했고, 다른 사람들은 경외심을 가지고 기술의 발전을 바라보았다. 이것은 라이트 형제가 최초로 동력 비행에 성공하고 50년 정도 흐른 시점에 이루어낸 일이었다.

이 성공은 특히 미국을 자극해 자체 우주 프로그램의 속도를 높이도록 했다. 스푸트니크는 아주 작은 위성이었지만 인류에게 강력한 메시지를 전해준 위성이었다.

그러나 1957년 우주 궤도에 머물면서 지구를 돌 수 있는 충분한 속도로 발사되었던 스푸트니크가 우주에 올라간 첫 번째 물체는 아니었다. 스푸트니크 이전에 수많은 로켓이 우주를 향해 발사되었지만 모두 다시 지구로 떨어졌다. 우주로 향하는 첫 번째 시도는 제2차 세계대전 중이던 1942년 즉 15년 전에 있었다.

나치 정권은 적 전투기의 방해를 받지 않고 수백 km 떨어져 있는 목표물을 공격할 수 있는 능력을 확보하기 위해 로켓 개발에 많은 투자를 했다. 발틱 해 연안에 있는 피네뮌데에 대형 시험 시설이 세워졌다. 몇 번의 실패 후인 1942년 10월 3일에 A-4 액체 연료 로켓이 고도 84km 상공에 도달하는 데 성공했다. 로켓 개발 프로그램의 책임자였던 발터 도른베르거는 다음과 같이 말했다.

'우리는 우리가 만든 로켓으로 우주에 침공하는 데 성공했다'
또한
'우리는 최초로 지구상의 두 점을 연결하는 다리로 우주를 이용했으며, 로켓을 이용하여 우주여행을 할 수 있다는 것을 증명했다'

이 최초의 비행은 우주의 가장자리를 스친 데 불과했다. 우주의 경계에 대해서는 일치된 견해가 없지만 대략 고도 100km를 우주의 경계라고 본다. 미국 우주비행사들은 고도 80km까지 도달했다. 그리고 전쟁 후기의 로켓들은 고도 189km까지 도달했다. 이것은 우주의 경계에 대한 여러 정의를 훨씬 넘어서는 것이었다. 따라서 최초로 우주에 물체를 보낸 것은 독일이었다. 그들은 스푸트니크가 발사되기 15년 전에 수백 번도 넘게 우주로 로켓을 발사했다.

초기 로켓 엔지니어들은 우주 개발에 대한 꿈을 가지고 로켓을 개발했지만 A-4 로켓이 개발되자 독일은 즉시 공격용 V-2 로켓에 사용했다.

수백 발의 로켓이 런던이나 안트워프와 같은 도시를 향해 발사되어 1만 명이나 되는 많은 시민의 목숨을 앗아갔다. 이 숫자는 노동 수용소에서 로켓을 제작하기 위해 일하다 목숨을 잃은 것으로 추정되는 2만 5000명에 비하면 적은 숫자였지만 우주 정복은 이렇게 우울하게 시작되었다.

전쟁이 끝나자 나치의 엔지니어들 중 많은 사람들이 미국과 소련으로 가서 로켓 기술의 발전에 이바지했다. 미국으로 간 베르너 폰 브라운은 세턴 5호 로켓을 개발하는 데 크게 공헌했다. 소련은 피네뮌데와 다른 두 곳의 시험 시설을 확보하고 많은 독일 로켓 기술자들을 데려갔다. 세르게이 코롤레프의 지도 아래 소련은 독일 기술을 발전시켜 스푸트니크 1호를 우주에 올려놓았고, 인간을 우주에 보내는 프로그램을 성공시켰다.

중국의 만리장성은 달에서도 보이는 유일한 인공 구조물이다

이 이야기는 우리가 생각하는 것보다 훨씬 오래 전부터 전해 오는 이야기이다. 1754년에 영국 고서 수집가였던 윌리엄 스툭켈리가 로마의 하드리아누스 황제가 축조한 성벽에 대한 글을 쓰면서 '길이가 129km나 되는 이 성벽보다 더 큰 성벽은 중국의 만리장성밖에 없다. 만리장성은 지구상에 있는 가장 큰 인공 구조물이어서 달에서도 구별할 수 있다'고 설명했다.

이는 인류가 달 가까이 가기 200년 전에 한 상상의 산물이었다. 그러나 다른 많은 잘못된 사실들과 마찬가지로 이것도 오랫동안 그럴듯한 사실로 여겨져 왔다.

중국의 만리장성이 놀라운 구조물이라는 것은 누구나 알고 있다. 그렇다면 정말로 달에서도 만리장성이 보일까?

그렇지 않다. 망원경을 사용하지 않는다면 달에서 만리장성을 보는 것은 불가능하다. 만리장성의 평균 폭은 6m이고, 만리장성에서 달까지의 평균거리는 37만 139km이다. 이 숫자들을 조금만 생각해보아도 만리장성이 달에서 보이기에는 너무 폭이 좁다는 것을 알 수 있을 것이다. 달 표면에 서서 중국을 찾아낼 수는 있겠지만 만리장성을 찾아내는 것 자체가 가능하지 않다. 달에서 지구상의 인공구조물을 구별하는 것도 가능하지 않다. 심지어는 어두운 밤을 환하게 밝히고 있는 큰 도시의 밝은 불빛도 달과 같이 멀리 떨어진 곳에서는 사람의 눈에 보이지 않는다.

이 이야기를 조금 수정한 것이 지구 표면으로부터 수백 km 상공에 있는 저고도 지구 궤도에서 볼 수 있는 유일한 인공구조물이 만리장성이라는 것이다. 그러나 이 주장에도 두 가지 문제가 있다.

첫 번째는 이 거리에서 만리장성을 보는 것이 불가능하지는 않겠지만 찾아내는 것이 쉽지도 않다는 것이다. 중국인 최초로 우주에 다녀온 양 리웨이는 만리장성을 찾아내려고 노력했지만 실패했다. 그럼에도 어떤 사람들은 기상 상태가 좋으면 만리장성이 보인다고 주장한다. 그러나 우주 비행사였던 팀 피케가 가자의 피라미드도 저고도 궤도에서 맨눈으로 찾아낼 수 없었다고 증언했다.

이 신화의 두 번째 오류는 만리장성만이 우주에서 볼 수 있다는 주장이다. 만리장성 외에도 저고도 지구궤도에서 볼 수 있는 인공구조물은 많다. 어두운 밤에는 도시의 불빛이 등댓불처럼 반짝거린다. 큰 도시들은 낮에도 찾아낼 수 있다. 강물의 흐름을 크게 바꿔놓는 커다란 댐 역시 우주에서 찾아낼 수 있다. 주변 지형의 색깔과 대조를 이루는 길고 곧게 뻗은 도로도 우주에서 보인다. 천 조각을 이어 붙여놓은 것처럼 보이는 농경지와 사람이 만든 지형도 보인다. 두바이 해안에 있는 300개의 인공 섬들은 지구의 대륙을 닮아 있다. 인간의 영향은 바다에서도 쉽게 찾아볼 수 있다. 인류가 바다에 버린 물질을 먹고 사는 조류가 바다의 넓은 면적을 차지하고 있기 때문이다.

우주 비행사들은
무중력 상태에 떠 있다

어렸을 때 플로리다에 간 나를 어른들이 마술 레이저 세상이라고 부르는 곳으로 데려갔었다. 마술 레이저 세상에서는 입장권을 산 사람들에게 레이저가 보여주는 아름다운 세상을 즐기는 것뿐만 아니라 '무중력 상태'에서 노는 경험을 할 수 있도록 해주겠다고 약속했다. 그러나 실제로는 커다란 실망만 안겨주었다. 레이저는 텔레비전 리모트 컨트롤러에 사용하는 눈에 보이지 않는 적외선이었고, 스펀지 매트리스가 잊을 수 없는 무중력 체험의 전부였다. 여기서 배울 수 있는 것은 시대에 뒤떨어진 플로리다 관광 상품에 현혹되지 않기 위해서는 기초 물리학을 배워야 한다는 것이었다.

지구 궤도에 올라간 우주 비행사들 역시 무중력 상태라는 속임수에 당하기 쉽다. 그들의 환경은 마술 레이저 세상의 물렁물렁한 스편지보다는 훨씬 나은 편이지만 그들도 상당히 강한 중력의 영향을 받고 있다. 우주 정거장에 타고 있는 사람들은 지구 표면에 살고 있는 사람들이 받는 중력의 89%나 되는 중력을 받고 있다. 그런데도 왜 사람들은 그들이 무중력 상태에 있다고 생각하는 것일까?

낙하 중인 엘리베이터를 타고 있다고 가정해보자. 땅에 도달할 때까지 자유낙하 하는 동안 엘리베이터 안에서 이리저리 튀어 돌아다닐 수 있을 것이다. 엘리베이터가 땅에 도달하는 순간 바닥으로 떨어져 실상을 알게 되겠지만 잠시 동안은 자신이 무중력 상태에 있다고 느낄 것이다. 우주 정거장도 이와 마찬가지이다. 우주 공간에 떠 있는 것처럼 보이는 우주 정거장도 높은 탑에서 떨어뜨린 공처럼 지구를 향해 떨어지고 있다. 그러나 옆 방향으로도 달리고 있어 지구 표면에 도달하지 못하고 있을 뿐이다. 우주 정거장은 지구 주변의 곡선을 따라 떨어지고 있는 것이다.

이것이 잘 이해되지 않는다면 앞으로 나가지 말고 잠시 생각해보자. 처음에는 약간 이해하기 어려울 수도 있지만 일단 이해하고 나면 훨씬 똑똑해진 느낌이 들 것이다.

우주 정거장 안에 타고 있는 우주 비행사들은 자유낙하 상태에 있다. 그러나 그들의 자유낙하는 끝없이 계속되는 자유낙하이다. 자유낙하로 인해 중력이 작용하지 않는 것 같은 무중력 상태를 느끼게 되는 것이다. 그런데 지구는 아직도 그 자리에 있고 지구 표면에서의 90%에 가까운 중력이 작용하고 있다. 하지만 주변에 있는 모든 물체들이 같은 속도로 자유낙하하고 있어서 그것을 느끼지 못하는 것이다. 중력이 작용하고 있음에도 중력이 작용하지 않는 무중력 상태라고 느끼게 되는 이유이다.

지구에서 멀어지면 지구의 중력이 소위 말하는 역제곱의 법칙에 따라 점점 약해진다. 지구로부터의 거리를 세 배로 증가시키면 지구 중력의 세기는 3의 제곱인 9분의 1로 줄어든다. 그렇지만 아무리 멀리 가더라도 지구 중력으로부터 완전히 벗어날 수는 없다.

질량을 가지고 있는 모든 물체에는 다른 모든 물체로부터 중력이 작용하고 있다. 집에 있는 할머니는 옆집 트랙터의 중력을 받고 있으며 트랙터는 오리온성운의 중력을 받고 있다. 물론 이런 경우에는 중력의 세기가 아주 약하기는 하지만 없는 것은 아니다. 태양계를 벗어나 성간 공간으로 나가 모든 천체로부터 수억 km나 떨어져 있는 우주 비행사라고 하더라도 진정한 무중력 상태에 있는 것은 아니다. 그런 우주 비행사들에게도 측정 가능한 우주의 모든 천체들로부터 중력이 작용하고 있다. 그러나 모든 방향으로 작용하는 중력이 균형을 이루고, 그 세기가 약해지면 거의 중력을 느끼지 못하게 될 것이다. 그럼에도 불구하고 마술 레이저 세상이 제공하겠다고 약속했던 진정한 무중력 상태는 여전히 절대로 가능하지 않다.

단열재가 없다면 대기로 재진입하는 우주선은 대기와의 마찰로 타버릴 것이다

수영장에 뛰어들어 본 사람이라면 밀도가 낮은 곳에서 밀도가 높은 곳으로 갑자기 뛰어들 때 받는 충격이 어떤 것인지 잘 알고 있을 것이다. 이와 비슷한 일이 지구로 귀환하는 우주선에서도 일어난다.

진공 상태에 가까운 우주에서 대기 상층부로 뛰어드는 것은 엄청난 충격을 받는 여행이어서 재앙을 예방하기 위한 보호 장치가 필요하다.

지구 대기로 뛰어들 때 받는 충격은 대기와의 마찰 때문이라고 알려져 있다. 이는 그럴듯한 설명이다. 우주 정거장에서 오는 우주선은 약 2만 7000km/s나 되는 엄청난 속력으로 달리고 있고, 달에서 오는 우주선은 약 4만km/s의 속력으로 달리고 있다. 대기 상층부에는 가벼운 분자들이 엷게 분포하고 있을 뿐이지만 이렇게 빠른 속력으로 돌진해 들어오면 큰 마찰력을 받게 될 것이다.

그런데 실제로는 다르다. 열은 마찰에 의해서가 아니라 주로 압축에 의해 발생한다. 우주선은 종 모양이거나 우주 왕복선의 아래 부분처럼 평평한 표면을 가지고 있다. 우주선이 대기로 진입하면 우주선의 평평한 면이 앞의 공기를 압축시킨다. 빠른 속도로 달리는 우주선 앞의 기체는 다른 곳으로 달아날 시간이 없어 앞쪽에 쌓이게 된다. 기초 물리학에 의하면 기체에 압력을 가하면 온도가 올라간다. 자전거 바퀴에 공기를 주입할 때 온도가 올라가는 것을 생각해보자. 높은 온도로 가열된 공기층은 충격파로 인해 우주선과 직접 접촉하지 않는다. 그러나 많은 양의 열이 복사선 형태로 우주선의 단열재에 도달한다. 이 열이 우주선을 태워버릴 수도 있지만 여기에 마찰력은 중요한 역할을 하지 않는다.

지구 궤도를 돌고 있는 우주선은 초음속으로 대기에 재진입할 필요가 없다. 우주에 있는 동안 충분히 속력을 줄이면 단열재의 도움을 받지 않아도 되는 속력으로 대기 상층부에 진입할 수 있다. 이를 위해서는 빠르면서도 강력한 감속이 필요하다. 이것은 발사 과정을 반대로 진행하는 것과 같기 때문에 많은 양의 로켓 연료가 필요하다. 그래서 감속에 필요한 많은 연료를 가지고 갈 수 있는 큰 로켓을 만들어야 하는데 그보다는 공기를 이용하여 속도를 줄이는 것이 훨씬 실용적이다.

또한 단열재가 없이도 우주에서 지구로 들어오는 것이 가능하다.

펠릭스 바움가르트너는 2012년에 지구 상공 38.6km에서 우주복만 입고 안전하게 뛰어내리는 데 성공했다. 어떻게 그것이 가능했을까? 그는 지구 궤도까지 올라가지 않았으므로 감속이 필요 없었다. 마찬가지로 지상 목표물에 도달하기 전에 우주 공간을 나는 대륙간 탄도 미사일도 지구 궤도를 도는 우주선의 속력에는 미치지 않는다. 따라서 단열재를 훨씬 적게 사용해도 된다.

계절은 지구와 태양 사이의
거리 변화에 따라 생긴다

겨울이 다가오고 있다. 지구는 태양 주위를 타원궤도를 따라 돌고 있다. 타원궤도를 도는 동안에는 일정한 부분에서는 태양으로부터 평균거리보다 더 멀어지게 되고, 다른 부분에서는 평균거리보다 더 가까워진다. 캠프파이어 주변을 돌면서 춤을 출 때 안쪽으로 다가가면 열기를 더 크게 느끼고, 불에서 멀어지면 적게 느낄 것이다. 지구로 이야기하면 여름과 겨울이 오는 것이다.

이것은 아주 그럴듯한 설명이다. 그러나 조금만 생각하면 이런 설명이 틀렸다는 것을 쉽게 알 수 있다.

지구가 태양에서 멀어져서 겨울이 오는 것이라면 지구 전체가 동시에 겨울이 되어야 할 것이다. 하지만 오스트레일리아에서는 크리스마스가 되면 태양 빛을 즐기는 반면 캐나다에서는 흰 눈을 즐긴다. 지구 북반구가 겨울일 때 남반구는 여름이다. 적도 지방에 사는 생명체들은 일 년 내내 아주 적은 온도 차이를 경험하는 대신 '우기'와 '건기'를 번갈아 경험하고 있다.

지구와 태양 사이의 거리가 변하는 것은 사실이지만 그다지 크게 변하지는 않아 거리에 따른 온도 변화는 아주 작다. 계절이 생기는 것은 지구 자전축이 기울어져 있기 때문이다.

커다란 막대가 북극에서 남극으로 관통하고 있다고 생각해보자. 이 막대가 지구의 자전축이다. 자전축이 지구의 공전 궤도의 바로 위쪽과 아래쪽을 향하고 있지 않고 $23.5°$ 기울어져 있다. 이 기울기는 우리가 사다리를 벽에 기대 놓을 때의 기울기와 비슷하다. 이로 인해 지구의 여러 부분이 받는 태양에너지의 양이 달라진다. 똑바로 태양을 향하고 있는 부분은 태양으로부터 더 많은 에너지를 받고, 비스듬하게 태양 빛을 받는 지역은 더 적은 양의 에너지를 받는

지구가 태양 주변의 궤도를 도는 동안 태양을 향하는 부분이 달라진다. 이로 인해 지구에 계절이 만들어진다.

다. 돋보기를 이용하여 불을 지피려고 시도해본 사람이라면 비스듬하게 비추는 태양 빛은 똑바로 비추는 태양 빛보다 에너지가 적다는 것을 알고 있을 것이다.

이와 관련된 또 하나의 오해는 4계절의 길이가 모두 같다는 것이다. 계절은 지구가 공전궤도를 도는 동안 지나가는 분점(춘분점과 추분점)과 지점(하지점과 동지점)을 이용해 정의한다. 이런 정의에 의하면 겨울은 89일, 봄은 93일, 여름은 94일, 가을은 90일이다. 겨울이 가장 짧은 계절이다.

위성은 행성을 돌고, 행성은 별 주위를 돌고 있다

이것은 매우 자명한 사실인 것처럼 보인다. 태양계의 여덟 개 행성들은 태양 주위를 돌고 있고, 수성과 금성을 제외한 다른 행성들은 자신을 돌고 있는 위성들을 거느리고 있다. 우주의 바퀴들도 시계의 톱니바퀴들처럼 돌고 있는 것이다. 그러나 실제로 우주 바퀴가 돌아가는 방법은 이보다 조금 더 복잡하다.

모든 물체는 자신의 중력장을 가지고 있다는 것을 상기해보자. 달은 지구의 중력에 의해 궤도 위에 잡혀 있다. 그러나 중력은 상호작용이기 때문에 지구에도 달의 중력이 작용하고 있다. 힘이 센 만화 주인공 뽀빠이와 연약한 작은 곰이 줄다리기를 하는 경우를 생각해보자. 시금치가 없어도 뽀빠이가 이길 것이라는 것을 쉽게 예상할 수 있을 것이다. 그러나 뽀빠이도 연약한 상대편이 당기는 것을 느낄 것이다. 지구와 달의 경우에도 마찬가지이다. 행성이 더 강하게 잡아당기지만 위성도 가만히 있지는 않는다. 그리고 달에는 태양의 중력도 작용하고 있다. 실제로 달에는 지구의 중력보다 태양의 중력이 두 배나 더 강하게 작용한다. 만약 지구가 내일 사라진다면 달은 다른 행성들과 마찬가지로 태양 주위를 돌 것이다.[5]

실제로 지구의 위성인 달은 자신도 행성이라고 주장할 만한 근거를 가지고 있다. 암석으로 이루어진 달은 2006년까지 행성으로 여겨졌던 명왕성보다 크다. 또한 태양계에서 목성의 가니메데, 칼리스토, 이오 그리고 토성의 타이탄 다음으로 큰 위성이다.

그런데 행성과 위성의 크기의 비에서는 우리의 달이 다른 위성들보다 훨씬 인상적이다. 달의 지름은 지구 지름의 3분의 1정도나 된다. 태양계에서 가장 큰 위성인 가니메데의 지름은 목성 지름의 4%밖에 안 된다. 지구와 달의 결합은 태양계에서 유일한 결합이다. 따라서 일부 학자들은 지구와 달은 행성과 위성이 아니라 이중 행성으로 취급해야 한다고 주장하고 있다.

그러나 지구와 달의 질량 중심(두 천체가 공통으로 돌고 있는 점)이 지구 내부에 있어서 달이 행성이라는 주장은 설득력을 잃고 있다.

잠깐만, 질량 중심이라고? 질량 중심에 대해 조금 더 알아보자.

---

5) 그렇다고 해도 1992년에 바네사 윌리엄스가 '가장 좋은 것은 마지막에'라는 노래에서 주장했던 것처럼 태양이 때로는 달 주위를 돈다고 이야기하는 것은 조금 심하다.

행성을 이야기할 때 지나치기 쉽지만 질량 중심은 매우 중요하고 흥미 있는 개념이다. 질량 중심의 개념이 익숙하지 않을지도 모르지만 우리 모두는 직관을 통해 그것을 이미 알고 있다. 가운데 손가락 위에 휴대폰을 얹어놓고 균형을 잡아보자. 휴대폰이 안정을 유지하는 점이 질량 중심이다. 두 개 또는 그 이상의 천체들은 질량 중심점을 중심으로 서로 돌고 있다.

그리고 여기에는 중요한 점이 있다. 질량 중심은 두 물체의 중간 지점에 있는 것이 아니라 질량이 큰 물체 가까이에 있다. 지구와 달은 앞에서 이야기했던 것처럼 질량 중심이 지구 내부에 있다. 지구 중심으로부터 지구 지름의 4분 3 정도 떨어진 점에 지구와 달의 질량 중심이 위치해 있는 것이다. 지구와 달은 이 점을 중심으로 서로

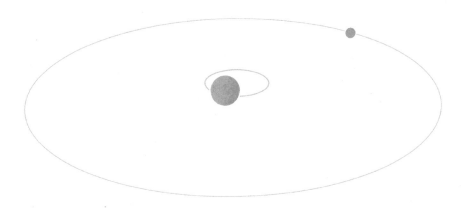

명왕성(중심)과 명왕성의 위성인 카론은 빈 공간에 있는 질량 중심을 중심으로 서로 돌고 있다.

돌고 있지만, 달은 먼 거리를 돌고 있고, 지구는 작게 흔들리고 있다. 다른 행성계에서는 질량 중심이 행성 밖에 있는 경우도 있다.

명왕성을 예로 들어보자. 명왕성의 위성인 카론은 명왕성과 비슷한 질량을 가지고 있다. 명왕성과 카론은 명왕성 표면으로부터 960km 떨어진 곳에 있는 질량 중심을 돌고 있다. 따라서 카론이 명왕성 주위를 돌고 있는 것처럼 보일 수도 있지만 실제로는 두 천체가 명왕성 가까이 있는 빈 공간의 한 점을 중심으로 서로 돌고 있는 것이다.

마지막으로 행성의 궤도가 태양을 중심으로 하는 원이라고 생각하는 것도 사실과 다르다. 400년 전 요하네스 케플러는 그런 생각이 사실이 아니라는 것을 밝혀냈다. 태양계의 모든 행성들은 태양 주위의 타원궤도를 돌고 있다. 지구와 같은 내행성들은 원에 가까운 타원궤도를 돌고 있지만, 천왕성과 토성은 원 궤도에서 멀어진 타원궤도를 돌며 태양이 궤도의 중심에 있지 않다. 명왕성은 많이 일그러진 타원궤도를 돌며, 일부 구간에서는 해왕성의 안쪽으로 들어오기도 한다. 다른 별에서는 이보다 더 크게 일그러진 궤도를 도는 행성들도 발견되었다.

궤도와 관련된 이 이야기들로 머리가 혼란스럽겠지만 적어도 질량 중심이라는 단어에는 어느 정도 익숙해졌을 것이다.

명왕성에 탐사선을 보냄으로써 태양계 탐사가 끝났다

1930년 발견된 이래 태양계 가장 끝쪽에 위치한 명왕성은[6] 사람들의 상상력을 자극해왔다. 명왕성은 지구로부터 너무 멀리 있어서 허블 망원경으로도 자세한 사진을 찍을 수 없었다. 따라서 2015년에 탐사선이 명왕성에 가게 되자 많은 사람들이 크게 환호했다.

---

6) 맨눈으로는 관측할 수 없었던 명왕성이 왜소 행성으로 강등된 것은 명왕성에게는 애석한 일이다. 수십 년 동안 모든 학생들은 태양계 아홉 행성들의 이름을 외웠다. 그런데 어느 날 행성의 수를 여덟 개로 줄여버렸고, 전 세계는 이 결정에 따라야 했다. 새로운 분류작업이 없었더라면 명왕성을 행성으로 보는 것이 적당한가 하는 것은 이 책의 한 부분을 차지할 수 있었을 것이기 때문에 나도 이 재분류의 피해자라고 할 수 있다.

명왕성이 가장 멀리 있는 행성이라고 주장하는 사람이 있다면 우리는 '아, 꼭 그런 것만은 아닙니다'라고 말할 수 있을 것이다. 명왕성은 248년의 공전 주기 중 20년 동안은 해왕성 궤도 안쪽으로 들어온다. 따라서 1979년부터 1999년까지 해왕성이 명왕성보다 태양으로부터 더 멀리 있었지만 많은 사람들이 이 사실을 알지 못한다.

뉴 호라이즌 탐사선이 보내온 명왕성의 사진은 놀라운 것이었다. 얼어붙은 바위 덩어리일 것이라는 예상과는 달리 명왕성에는 지질학적 활동이 일어나고 있었고, 질소로 된 대기를 가지고 있었으며, 눈이 있을 가능성도 확인되었다.

과학자들은 명왕성에 탐사선을 보냄으로써 태양계 탐사의 첫 번째 단계가 완료되었다고 선언했다. 지구에서 보낸 탐사선이 여덟 개 행성 모두와 대부분의 위성들 그리고 2006년까지 행성으로 간주되었던 명왕성을 방문했다. 그러나 과학자들의 선언에서 첫 번째 단계라고 한 것을 주의해서 들어야 한다. 우리는 이제 겨우 태양계 탐사를 시작했을 뿐이다. 태양계에는 행성들과 위성들 외에도 많은 것들이 있다.

태양계에는 명왕성보다 더 큰 많은 암석 덩어리들이 있다. 천문학자들은 2005년에 명왕성보다 두 배 더 먼 거리에서 태양을 돌고 있는 천체를 발견했다. 이리스라고 명명된 이 천체의 질량은 명왕성보다 크지만 크기는 명왕성보다 약간 작다.

이리스를 비롯한 몇몇 천체들의 발견은 명왕성을 강등시키는 원인 중 하나가 되었다. 명왕성이 강등되지 않았더라면 이리스는 열 번째 행성이 되었을 것이다. 그러나 그렇게 되면 더 많은 행성들이 발견될 가능성이 있었을 것이고, 행성들의 수가 얼마나 늘어날지 알 수 없었을 것이다. 따라서 명왕성을 왜소 행성으로 강등시키기로 결정했다.

왜소 행성에는 이리스와 소행성 세레스 그리고 해왕성 궤도를 가

로지르는 두 개의 소행성 메이크메이크와 하우메아가 추가되었다. 다른 많은 천체들도 왜소 행성 자격을 갖추고 있지만 아직 공식적으로 왜소 행성에 편입되지는 않았다.

2015년에 돈이라고 불리는 탐사선이 소행성 세레스를 방문했다. 세레스 탐사는 천문학자와 일반인들을 모두 어리둥절하게 만들었다. 암석으로 이루어진 세레스의 단조로운 풍경 가운데 아주 밝은 색의 작은 부분이 보였기 때문이었다. 현재 천문학자들은 이것을 소금 조각일 것으로 보고 있다. 그것은 전혀 예상하지 못했던 것이었다. 현재 다섯 개의 왜소 행성 중 두 개를 탐사했고, 둘 모두 전문가들을 당황스럽게 만들었다.

멀리 있는 메이크메이크와 하우메아 그리고 이리스에는 무엇이 우리를 기다리고 있을까? 그리고 명왕성 너머에 얼마나 더 많은 왜소 행성들이 우리를 기다리고 있을까?

일부 천문학자들은 이런 천체들이 1만 개를 넘어설 것이라고 예측하고 있다. 탐사선이 평균 10년에 한 번씩 태양계 외곽에 도달하고 있다. 이런 탐사 속도가 유지된다면 모든 왜소 행성들을 탐사하기 위해서는 10만 년이 필요할 것이다. 하지만 하나의 탐사선이 여러 개의 천체를 탐사하게 되면 이 기간을 조금 더 앞당길 수 있을 것이다.

왜소 행성은 태양계에서 아직 제대로 탐사되지 않은 한 부류의 천체들일 뿐이다. 천문학자들은 이미 명왕성 가까이에 있는 카이퍼 벨트에서 1000개나 되는 작은 천체들을 찾아냈다. 얼마나 더 많은 천체들이 발견될는지 아무도 모른다. 과학자들은 지름이 100km가 넘는 천체들의 수가 10만 개를 넘을 것이라고 예상하고 있다. 이보다 작은 천체들의 수는 수백만 개가 넘을 것으로 보고 있다. 아직 명왕성 외에는 탐사선이 카이퍼 벨트의 천체들 중 어느 하나도 방문한 적이 없다. 다만 명왕성을 방문했던 뉴 호라이즌 탐사선이 2019년 1월 1일 카이퍼 벨트 천체 중 하나와 만나게 될 것으로 예상하고 있다.

멀리 있는 천체가 꼭 작은 천체일 필요는 없다. 2016년에 천문학자들은 지구보다 10배나 큰 천체가 해왕성보다 20배나 더 멀리 떨어진 곳에서 태양을 돌고 있다는 증거를 찾아냈다고 발표했다. 그렇게 큰 천체라면 행성에 속할 자격이 있다. 이 글을 쓰고 있는 현재까지는 이 천체를 직접 관측하지는 못했다. 그러나 이 천체의 존재는 그 부근에 있는 다른 작은 천체들의 타원 궤도를 잘 설명해준다. 행성에 포함될 수 있는 다른 많은 천체들이 발견되기를 기다리면서 멀리서 조용히 태양 주위를 돌고 있는지도 모른다.

5000개가 넘는 알려진 혜성들, 수백만 개의 소행성들, '켄타우르스'나 '트로얀'과 같은 이상한 이름을 불리는 많은 천체들, 멀리 있는 '오르트 구름'에 포함되어 있는 얼음 덩어리의 미행성 물질들도 태양계의 구성원들이다. 따라서 우리가 태양계에 대해 충분히 알았다고 선언하기 위해서는 아직 갈 길이 멀다.

우리가 더 많이 탐사하면 할수록 우리는 더 많은 의문을 갖게 될 것이다. 예를 들면 29P/슈바스만−워시만이라는 이상한 이름으로 불리는 혜성은 몇 달마다 밝기가 밝아진다. 때로는 1만 배나 더 밝아지기도 한다. 아직 그 원인에 대해서는 아무도 모르고 있다.

태양계 구석구석의 지도를 작성했다고 해도 아직 알아내야 할 것이 많다. 최근까지는 생명체가 소위 말하는 '골디락스 존'에만 존재할 것이라고 생각했었다. 지구와 화성을 포함하는 이 좁은 지역은 물이 액체 상태로 존재할 수 있을 만큼 태양으로부터 충분히 떨어져 있는 지역이다. 액체 상태의 물은 우리가 알고 있는 생명체가 존재하기 위한 전제 조건이다. 그러나 더 멀리 떨어져 있는 곳에도 이런 조건을 만족시키는 장소가 많이 존재한다는 것이 밝혀지고 있다. 예를 들면 목성의 위성인 유로파는 얼음 표면 아래 액체 상태의 물로 이루어진 바다를 가지고 있는 것이 거의 확실하다. 그 바다에 무엇이 숨겨져 있을까?

유로파의 이웃인 가니메데와 토성의 위성인 엔켈라두스도 같은 가능성을 가지고 있다. 심지어는 태양계에서 가장 멀리 있는 천체들도 우주 지하 수상세계 클럽 회원일 가능성이 있다. 해왕성보다 훨씬 먼 곳에 있는 소행성인 세드나도 표면 아래 바다를 가지고 있을 것이라고 주장하는 학자들이 있다.

명왕성 근접 비행으로 태양계에 대한 탐사가 완료된 것은 아니다. 윈스턴 처칠의 말을 인용하면 '이것은 끝이 아니다. 이것은 끝의 시작조차도 아니다. 이것은 시작의 끝일 수는 있다.'

왜소 행성이란 무엇인가?

2006년까지는 행성에 대한 공식적인 정의가 없었다. 그러나 이리스의 발견과 다른 커다란 천체들의 발견 가능성으로 인해 이 문제를 다시 생각하지 않을 수 없게 되었다. 국제 천문학 연합은 태양을 제외한 태양계의 모든 천체들을 다음 부류 중 하나에 귀속시키기로 했다.

행성 　태양을 돌고 있는 큰 구형의 천체가 행성이다. 수성, 금성, 지구, 화성, 목성, 토성, 천왕성, 해왕성의 여덟 개 천체가 행성으로 분류되었다.

왜소 행성 　태양을 돌고 있고, 구형에 가까운 모습을 하고 있다는 면에서는 행성과 비슷하지만 행성보다 크기가 작다. 행성과의 가장 중요한 차이는 왜소 행성은 '궤도 주변에 흩어져 있는 물질을 제거하지 못했다'는 것이다. 예를 들면 세레스는 원 궤도를 따라 태양 주위를 돌고 있지만 수천 개의 다른 소행들과 공전 궤도를 공유하고 있다. 마찬가지로 명왕성도 카이페 벨트에 존재하는 수많은 소행들 중 하나이다. 지구와 같이 충분히 큰 질량을 가지고 있는 행성들은 위성을 제외하고는 공전 궤도 상에 흩어져 있는 다른 물질을 오래전에 모두 제거했다.

위성 자신보다 큰 행성이나 왜소 행성과 같은 천체를 돌고 있는 천체가 위성이다. 위성은 달처럼 구형이기도 하지만 화성의 두 위성처럼 구형이 아닌 것들도 있다.

소형 태양계 천체들 여기에는 행성, 왜소 행성, 위성을 제외한 태양계를 날아다는 모든 천체들이 포함된다. 혜성, 세레스를 제외한 모든 소행성들 그리고 태양계 외각에서 발견되는 암석들도 여기에 포함된다.

과학적이지 않은 법칙들과 정리들

법칙이라는 이름이 붙어 있다고 해서 모두 과학적인 것은 아니다. 재미로 과학적 법칙 대우를 받고 있는 일부 사실들에 대해 알아보자.

베터리지 법칙 물음표로 끝나는 모든 제목은 '아니오'라고 대답할 수 있다. 언론인이었던 이안 베터리지가 제안한 이 법칙은 유도 질문의 답에 관한 법칙이다. '다른 천체에서 생명체를 발견했는가?', '이 사진이 귀신의 존재를 증명하는가?'와 같은 질문이 그런 예이다. 그러나 이 법칙은 '베터리지 법칙은 사실인가?'라는 질문에 의해 사실이 아니라는 것을 밝혀낼 수도 있다.

클라크의 세 가지 법칙 공상과학 소설 작가 아서 C. 클라크는 자주 '세 가지 법칙'을 언급했다. 이 법칙은 지혜롭기는 하지만 과학적이지는 않다.

• **첫 번째 법칙** 유명하고 나이가 많은 과학자가 어떤 것이 가능하다고 말하면 그의 말이 옳을 가능성이 크다. 그가 어떤 것이 불

가능하다고 말하면 그가 틀릴 가능성이 크다.

- **두 번째 법칙** 가능성의 한계를 발견하는 유일한 방법은 그 한계를 지나치는 모험을 해보는 것이다.
- **세 번째 법칙** 충분히 앞선 기술은 마술과 구별하기 어렵다.

갓윈의 법칙 온라인 대화가 길어지면 결국에는 나치나 히틀러와 비교하는 일이 발생한다는 것이 갓윈의 법칙이다. 미국의 변호사 마이크 갓윈의 이름을 따서 명명된 이 법칙은 1990년대 초의 언론인들의 토론 보드까지 거슬러 올라간다. 온라인 코멘트에 낚인 사람은 누구나 이 법칙이 오늘날에도 성립된다는 것을 알게 될 것이다. 갓윈의 법칙은 많은 사람들에게 회자되어 옥스퍼드 영어 사전에도 등재되었다.[7]

무어의 법칙 집적회로[IC]에 내장되는 트랜지스터의 수가 2년마다 두 배로 증가한다고 예측한 유명한 법칙이다. 무어는 1965년에 이 법칙을 제시했고, 현재까지 상당히 잘 들어맞고 있다. 부분적으로 이 것은 자체 완성적 예측이었다. 산업체에서는 무어의 법칙을 개발 목표로 삼았다. 만약 이런 목표가 제시되어 있지 않았다면 발전 속도가 훨씬 느렸을 수도 있다. 그리고 미래에도 이 법칙이 지켜져야 할 아무런 논리적 근거는 없다. 우리는 현재 칩 구조의 물리적 한계에 도달하

---

7) 역자 주-모든 이야기를 나치의 이야기로 끝내지 않는 우리나라 사람들에게는 납득이 되지 않는 법칙이다.

고 있다. 이 법칙이 앞으로도 지켜지기 위해서는 새로운 기술적 방법
이 경제성을 가지고 있어야 할 것이다.

머피의 법칙 이 법칙은 소드의 법칙이라고도 알려져 있다. 잘못
될 수 있는 모든 일이 일어난다는 이 법칙은 항공 엔지니어였던 에드
워드 A. 머피 주니어에서 유래했다.

가장 자주 인용되는 이야기는 토스트를 떨어뜨리면 항상 버터를 바
른 쪽이 땅에 떨어져 먹을 수 없게 된다는 것이다. 그것이 꼭 나쁜 일
만은 아니다. 버터를 바른 쪽을 위로 가게 하여 고양이의 등에다 붙여
놓으면 반중력 장치를 만들어 영원히 운동하게 할 수 있을 것이기 때
문이다.

어떻게 그런 것이 가능할까? 고양이가 땅에 뛰어내릴 때는 항상 발
부터 땅에 닿는다. 그러나 머피의 법칙에 의해 토스트는 버터를 바른
쪽이 먼저 땅에 닿는다. 따라서 둘을 묶어 놓으면 둘이 서로 먼저 땅
에 닿으려고 싸우기 때문에 계속 공중에서 돌게 된다는 것이다.

인터넷에는 이런 문제만을 다루는 곳이 있다. 새로운 이야기를 만들어 볼 생각은 없는가?

머피의 법칙은 많은 패러디를 만들기도 했다. 예를 들어 머피의 법칙에 의하면 '비평문을 쓰거나 편집하거나, 아니면 감수를 하는 경우 그곳에서 항상 오류가 발견된다.' 이 법칙이 이 책의 제목이나 내용에는 적용되지 않기를 바란다.

스티글러의 법칙   모든 과학적 발견은 최초 발견자의 이름을 따라 명명되지 않는다. 97쪽의 잘못된 발명자들을 참조하기 바란다.

물리학의 최전선

우주는 우리가 상상하고 있는 것보다
더 이상할 뿐만 아니라

우리가 상상할 수 있는 것보다
더 이상하다.

우리는 4차원 우주에 살고 있다

아인슈타인 이후 우리는 세 개의 공간 차원과 하나의 시간 차원으로 이루어진 4차원 시공간에 대해 어느 정도 익숙해졌다. 그러나 또다른 차원이 있을 가능성이 있다. 그렇다면 여분의 차원은 어디에 있는 것일까?

이론 물리학자들도 여분의 차원을 관측하는 데서는 보통 사람들보다 나을 것이 없다. 그러나 그들은 수학과 대수학 그리고 이상한 기하학을 이용하여 여분의 차원을 그려내고 있다. 아마도 가장 유명한 이론이 초끈이론이라고 불리는 이론일 것이다. 이 이론에서는 세상을 이루는 기본적인 단위가 진동하는 끈이라고 주장하기 때문에 이런 이름으로 불리게 되었다.

초끈 이론의 목적은 가장 기본적인 수준에서 중력이 어떻게 작용하는지를 이해하여, 중력을 다른 세 가지 기본적인 힘들과 하나의 방정식으로 통합시키는 것이다.

전통적인 방법으로는 중력과 다른 힘들을 화해시킬 방법이 없다는 것을 알게 된 물리학자들은 여분의 차원을 도입해야 했다. 끈 이론의 주도적인 이론 중 하나는 10차원을 필요로 하고 있다. 그렇다. 10차원이 필요하다.

10차원을 머릿속에 그리는 것은 쉽지 않지만 독자들을 위해 한번 도전해보려고 한다. 아래 설명에서는 단어 사용에 어느 정도의 자유를 부여했다. 일상생활에 사용하는 용어들은 이런 것을 설명하는 데 적합하지 않다. 그러나 우리가 무엇을 다루고 있는지에 대한 어느 정도의 감을 잡을 수 있도록 도와줄 수는 있을 것이다.

길이, 너비 그리고 깊이로 나타내지는 첫 번째 세 차원은 쉽다. 그리고 네 번째 차원인 시간에 대해서도 우리는 직관적인 감을 가지고 있다.

다음 차원에 대하여 생각하기 위해 시간을 우주가 시작된 빅뱅에서 시작하여 우주의 끝을 연결하는 1차원 직선으로 생각해보자. 여기까지는 문제가 없을 것이다. 이제 고차원에 대해 알아볼 차례이다.

5차원이나 6차원으로 들어가기 위해서는 1차원 시간 축의 방향을 다른 방향으로 구부려야 한다. 이것은 생각처럼 과격하거나 어려운 일이 아니다. 우리가 결정을 내릴 때마다 우리는 특정한 시간 선을 따라 가고 있다. 5차원을 통한 여행은 두 개의 시간 선 사이를 이동할 수 있게 할 것이다.

물리학에 관한 어려운 강의를 듣고 있다고 가정해보자. 강의는 이해할 수 없고, 따라서 강의를 듣는 것이 상당히 괴롭다. 그때 주머니에 물총이 있다는 것을 생각해낸다. 교수를 물에 흠뻑 젖게 할 수도 있고 지루한 이야기를 계속 하도록 그냥 내버려 둘 수도 있다. 4차원에 살고 있는 우리는 둘 중의 하나만 할 수 있다. 따라서 그 결과도 둘 중의 하나이다. 하지만 5차원에 살고 있는 수강생은 교수에게 물을 뿌리는 즐거움을 맛본 후 그런 일이 일어나지 않은 다른 시간선으로 뛰어 넘어갈 수 있을 것이다.

이것은 시간에 또 다른 차원을 더한 것과 같다. 이와 마찬가지로 여섯 번째 차원은 3차원 시간과 비슷하다. 여기에는 우주에서 일어날 수 있는 모든 가능성이 포함되어 있다. 교수를 물에 젖게 하는 대신에 강의를 그만하라고 소리 지를 수도 있고, 강의실 밖으로 걸어나갈 수도 있으며, 인스타그램에 지루한 교수의 사진을 올릴 수도 있다. 여섯 번째 차원은 이 모든 것들을 비롯해 우주에서 일어날 수 있는 모든 사건을 포함하는 공간이다.

그러나 그것은 아직 6차원일 뿐이다. 어떻게 모든 가능한 결과를 포함하는 것보다 더 높은 차원을 갈 수 있을까?

지금까지의 차원 사이의 여행은 법칙이 적용되는 지역으로 한정되어 있었다. 교수를 향해서 발사한 물이 천장을 향해 가면서 속도가 빨라지지도 않고, 바닥을 향하면서 속도가 줄어드는 일도 일어나지 않는다. 그런가 하면 목표가 원자구름처럼 퍼지는 일도 없다. 처음 여섯 차원은 우리를 아주 이상한 곳으로 데려가지는 않는다. 어디를 가든 자연의 기본적인 힘들은 같은 형태로 남아 있다.

일곱 번째 차원으로 들어가기 위해서는 이 모든 것들을 내려놓아야 한다. 우리와 마찬가지로 빅뱅에서 시작했지만 자연에 존재하는 힘들이 조금씩 다른 우주를 생각해보자. 예를 들면 중력이 800만 배 강하거나 100분의 1밖에 안 되는 우주를 생각해보자. 원자핵을 구성하는 힘인 강한 핵력이 우주 끝까지 작용해서 우리가 알고 있는 입자들과는 전혀 다른 입자들을 만드는 우주를 생각해보자. 한 마디로 말해 7차원을 향한 여행은 자연의 기본적인 힘들이 전혀 다른 세상으로 우리를 데려다 줄 것이다.

이보다 더 높은 차원을 생각하기 위해서는 모든 가능한 우주와 모든 가능한 네 가지 힘들의 조합을 포함하고 있는 비행기를 생각해보

자. 이것이 여덟 번째 차원이다.

멀미를 하는 여행자들은 이제 여행을 그만 두고 싶을 것이다. 갈수록 모든 것들이 엉망이 되어가고 있는 것처럼 보이기 때문이다.

아홉 번째 차원은 모든 가능한 초기 조건과 모든 가능한 미래를 포함하고 있다. 여기에서는 물리적으로 가능한 모든 상태에서 다른 상태로 이동할 수 있고, 다른 우주로도 이동할 수 있다.

10차원 이상의 차원에서는 지금까지 이야기한 모든 것들이 완전하게 연결되어 있다.

퓨ㅡ.

물론 아무도 4차원보다 높은 차원을 측정하지도, 경험하지도 못했다. 이 모든 차원은 이론적인 차원일 뿐이다. 10차원은 끈 이론이 작동하기 위해 필요하다. 말도 안 되는 것 같다는 이유로 아홉 번째 차원과 열 번째 차원을 버리면 수학이 성립하지 않는다. 이 이론을 대체할 새로운 끈 이론이 제시되지 않는 한 여분의 차원을 받아들여야 한다.

일부에서는 11차원이나 26차원이 필요하다고 하는데 이 차원들을 모두 설명해야 하는 일이 없었으면 좋겠다. 그런 일이 벌어진다면 나는 여러분들에게 5차원에서 접근할 수 있는 이 책의 새로운 버전을 소개할 것이다.

빛보다 빨리 달릴 수 있는 것은 없다

이것은 누구나 잘 알고 있는 과학적 사실이다. 아인슈타인이 상대성이론을 제안한 이후 빛보다 빨리 달릴 수 있는 것은 아무것도 없다는 것을 우리는 잘 알고 있다. 초속 30만km/s라는 엄청난 속력으로 달릴 수 있는 빛보다 더 빨리 달리는 것은 기초적인 물리법칙에 위배된다. 우주선이 빛의 속력으로 달리기 위해서는 무한대의 에너지가 필요하기 때문에 빛의 속력으로 달리는 것은 가능하지 않다. 그러나 빛의 한계를 비켜갈 수 있는 몇 가지 방법이 없는 것은 아니다.

조건에 따라서는 거북이도 빛보다 더 빨리 달릴 수 있다. 모든 것은 매질에 달려 있다. 빛의 전파를 방해하는 것이 아무것도 없는 우주 공간에서는 빛은 우리가 상상하는 어떤 것보다도 빨리 달린다. 이것은 우리 눈으로 볼 수 있는 가시광선뿐만 아니라 엑스선, 감마

선, 전파와 같은 다른 형태의 복사선도 마찬가지이다.

그러나 빛이 매질을 통과할 때는 이야기가 달라진다.

예를 들면 지구의 대기도 빛의 속도를 약간 느리게 만든다. 빛이 공기층을 통과할 때의 속도는 진공에서의 속도보다 9만m/s 정도 느려진다. 크게 느려지는 것처럼 보이지만 이것은 진공에서의 빛 속도보다 0.03% 느린 속도이다. 유리나 물은 빛의 속도를 3분의 1 정도나 느리게 만든다. 이러한 빛 속도의 변화가 굴절의 원인이 된다. 굴절의 영향은 수영장 바닥에서 쉽게 경험할 수 있다.

유리나 물보다 훨씬 이상한 물질을 이용하면 빛의 속도를 더 많이 줄일 수 있다. 1999년에 빛의 속도를 17m/s나 61km/s까지 줄인 과학자들이 매스컴의 헤드라인을 장식한 적이 있다. 이 속도라면 우리 자동차로도 쉽게 추월할 수 있다. 연구자들은 보즈-아인슈타인 집적상태라고 알려진 과냉각된 나트륨 원자로 이루어진 구름을 이용했다.

최근의 연구에서는 빛을 멈추어 놓았다가 다시 풀어놓는 데도 성공했다. 그것은 벽에서 반사시키거나 흡수했다가 방출하는 것과는 다른 것이었다. 정지시켜 놓은 빛은 정보의 저장이나 통신 장비에 사용될 커다란 잠재력을 가지고 있다.

과거 몇 년 동안 과학자들은 진공 중에서 빛의 속도를 느리게 만드는 연구를 해왔다. 기술적인 내용은 매우 복잡하지만 간단하게 말해 광자라고 부르는 빛 입자를 그들의 '모양'을 바꾸는 마스크를 통과시켜 속도를 약간 감속시킨다. 빛 입자는 마스크를 떠난 후에도 줄어든 속도를 유지한다. 따라서 진공 안에서 빛 입자가 진공 속에서의 빛 속도보다 느린 속도로 달리게 할 수 있다. 이것은 빛의 속도는 상수라고 알려져 있던 것과는 다른 결과이다.

빛 속도의 벽을 넘어서는 또 다른 방법도 있다. 공상 과학 드라마에서 와프 드라이브라는 말을 들어본 적이 있을 것이다. USS 엔터프라이즈호는 빛의 속도보다 빠른 속도로 달리는 대신 공간을 휘게 만들어 목적지를 가까운 곳으로 끌어당긴다. 아인슈타인의 상대성이론에는 이것을 금지하는 것이 어디에도 없다. 단지 문제는 우리가 공간을 잡아당기는 방법을 모르고 있다는 것이다. 멀리 떨어져 있는 두 지점을 연결하는 시공간의 터널인 웜홀을 이용하여 두 지점 사이를 빛보다 더 빨리 달리는 것도 이론적으로는 가능하다. 아직 웜홀을 발견한 적이 없고 아무도 그것을 만드는 방법을 모르고 있을 뿐이다.

양자 수준에서도 빛보다 더 빨리 이루어지는 과정의 예를 찾아볼 수 있다. 두 입자를 같은 양자 상태에 있도록 하여 '얽힘' 상태로 만들 수 있다. 일상생활에서 사용하는 단어는 이 현상을 설명하는 데 적당하지 않다. 한 마디로 말해 얽힘 상태는 두 입자가 하나의 상태를 공유하고 있는 상태이다. 얽힘 상태에 있는 두 입자를 멀리 떼어놓으면 두 입자는 멀리 떨어져서도 거리에 관계없이 얽힘 상태를 유지한다. 두 입자 중 하나를 물리적으로 변화시키면 다른 입자에게도 즉시 그 영향이 미친다. 아인슈타인이 '유령 같은 원격작용'이라고 부른 이 이상한 결과는 빛 속도의 벽을 깨는 것으로 보여진다. 그러나 여기에는 많은 임의성이 관련되어 있어 통신이나 정보 전달에 이용할 수는 없다.

　마지막으로 전혀 다른 종류의 예외를 영국 왕실에서 발견할 수 있다. 영국 왕실에는 왕위 계승에 관한 법률이 있다. 왕이 죽으면 왕위 계승권자가 즉시 왕으로 즉위한다. 따라서 '왕이 서거하셨다'와 '새로운 왕 만세'가 동시에 울려 퍼진다. 왕위의 계승이 즉시 이루어지기 때문에 이 과정이 빛보다 빠르다고 할 수 있다. 미래의 윌리엄 5세가 화성에서 죽었다고 가정하자. 그의 아들 프린스 조지는 그 즉시 합법적인 왕이 된다. 그가 이 사실을 아는 것은 빛이 화성에서 지구까지 전달되는 데 걸리는 시간인 20분 후의 일일 것이다. 이것은 영국 법에 '죽은 이가 산 사람을 붙잡는다'라고 표기되어 있다. 이는 다른 종류의 상속에도 적용될 수 있을 것이다.

아무것도 블랙홀에서 탈출할 수 없다.
빛마저도 탈출할 수 없기 때문에
블랙홀을 관측하는 것은 불가능하다

지금쯤이면 이 책을 읽느라고 한참 동안 앉아 있었을 테니 잠시 쉬는 것이 어떨까? 가능하다면 일어서서 잠시 스트레칭을 하고 다시 책으로 돌아오는 것도 좋을 것이다.

쉬었다면 몸의 무게중심을 지구 중심으로부터 조금 더 멀리 보내보자. 지구의 큰 질량을 감안하면 우리 몸에 미치는 지구의 중력은 그다지 크지 않다. 대부분의 사람들은 지구의 중력을 견딜 수 있을 정도로 튼튼한 다리 근육을 가지고 있다. 적어도 짧은 거리에서는 그렇다.

공중으로 뛰어 올라 큰 소리를 질러보자.

지구보다 큰 행성에서 같은 일을 한다면 지구에서처럼 쉽지는 않을 것이다. 지름이 두 배가 되면 질량이 여덟 배가 되어 중력은 두 배가 된다. 이 정도라면 의자에서 일어날 수 있겠지만 지구에서보다는 힘이 많이 들 것이다.

행성의 크기가 더 커진다면 의자에서 일어나는 것이 불가능해질 것이다. 더 커지면 의자가 부서질 것이고, 머리통과 가슴뼈도 부서질 것이다. 극단적인 경우에는 행성 표면의 모든 물체가 안쪽으로 빨려 들어갈 것이다. 중심으로 빨려 들어가는 물질을 밀어낼 수 있는 힘은 아무 데도 없다. 그렇게 되면 블랙홀 안으로 빨려 들어가고 말 것이다.

중력에 관한한 블랙홀은 절대적인 괴물이다. 앞에서 한 사고실험을 반대로 진행하여 지구의 질량을 그대로 두고 크기만 커피 잔에 들어갈 수 있을 정도로 작게 뭉쳤다고 가정해보자. 그렇게 되면 지구의 밀도가 블랙홀의 밀도와 비슷해지면서 지구가 커피 잔은 물론이고 우리의 손과 팔 그리고 시야에 들어오는 모든 것들을 빨아들일 것이다.

거의 모든 책에서 블랙홀에서는 '아무것도 탈출할 수 없다. 심지어는 빛마저도 탈출할 수 없다'고 설명하고 있다. 그러나 우리가 알고 있는 한 일단 블랙홀의 사건의 지평선을 넘어서면 아무것도 돌아올 수 없다는 것은 완전한 사실이 아니다. 물리학에서는 블랙홀도 복사선을 방출한다고 설명하고 있다. 다시 말해 블랙홀은 완전히 검지 않아 복사선이 탈출할 수도 있다.

이것은 가상 입자라는 현상과 관련이 있다. 양자역학은 빈 공간이 실제로는 빈 공간이 아니라고 설명한다. 빈 공간에서는 입자와 반입자 쌍이 만들어졌다가 다시 소멸하여 사라지는 일이 계속되고 있다. 이 입자들이 가상 입자들이다.

1974년에 스티븐 호킹은 블랙홀의 사건의 지평선 바로 바깥쪽에서 만들어지는 가상 입자에 대해 설명했다. 두 입자 중 한 입자가 블랙홀의 사건의 지평선 안으로 사라져 다시 돌아올 수 없게 되었다고 하자. 그렇게 되면 나머지 입자는 쌍소멸하여 사라질 짝을 찾을 수 없게 되어 사라지지 못하고 우주에 남게 되면서 블랙홀에서 멀어질 수 있다. 이 입자들이 호킹 복사선이다. 이 현상을 아직 관측하지는 못했지만 이론물리학자들은 그 가능성을 믿고 있다.

호킹 복사선이 아무것도 블랙홀을 탈출할 수 없다는 신화를 실제로 깼다고는 할 수 없다. 호킹 복사선은 다시는 돌아올 수 없는 블랙홀 내부에서 온 것이 아니라 블랙홀의 사건의 지평선 바로 바깥쪽에서 왔다. 그럼에도 불구하고 호킹 복사선의 존재 가능성은 블랙홀이 검어서 어떤 복사선도 낼 수 없다는 생각을 바꿔 놓았다.

우리는 사건의 지평선 안에서 무슨 일이 일어나고 있는지에 대해서는 수학과 물리학을 이용하여 추정해볼 수 있을 뿐이다. 블랙홀 안에서는 물리학의 법칙이 성립하지 않는다.

이 책을 쓰고 있는 현재까지 아무도 호킹 복사선을 측정하거나 블랙홀의 사진을 찍지 못했다. 그럼에도 우리는 블랙홀이 존재한다는 거의 확실한 증거를 가지고 있다. 여기에는 2016년에 발견된 두 개의 블랙홀이 충돌하면서 발생시켰을 것으로 보이는 중력파를 측정한 것도 포함된다. 대부분은 블랙홀의 엄청난 중력에 의해 빠른 속력으로 소용돌이치면서 블랙홀로 빨려 들어가는 기체가 블랙홀로 들어가기 직전에 내놓는 엑스선을 측정하여 블랙홀의 위치를 찾아내고 있다.

하늘에서 가장 강력한 엑스선을 내고 있는 곳이 블랙홀이 있는 곳이다.

잘못 알려진 발명가는?

발명은 과학의 응용이다. 시행착오, 실험, 영감과 같은 것들이 많은 사람들이 사용하는 제품으로 연결된다. 여러 가지 이유로 사람들은 새로운 아이디어로 세상을 바꿔 놓은 외로운 천재나 독불장군 발명가들의 이야기를 좋아한다. 그러나 실제로는 그런 식으로 과학과 발명이 이루어지지는 않는다. 우리가 발명자라고 인정하고 있는 사람들은 단지 발명에서 중요한 역할을 했을 뿐이다. 우리가 이런 실수를 하는 데는 세 가지 중요한 이유가 있다.

- 많은 발명자들이 수천 시간의 연구와 설계의 정점에 있었다. 대부분 많은 사람들이 참여한 공동 연구이다. 한 사람의 발명자가 있는 것이 아니라 연구 팀을 주도한 사람이나 책임자가 언론의 주목을 받을 뿐이다. '스티브 잡스가 iPhone을 발명했다'라는 말을 생각해보자.
- 발명은 아무것도 없는 곳에서 만들어지지 않는다. 대개의 경우 이미 존재하는 기술을 발전시키거나 변형시킨 것이다. 최종 제품에 공헌한 일련의 발명자들은 누구라도 그 제품의 발명자라고

주장할 수 있다.

• 매우 자주 발명자들은 자신의 제품을 시장에 내놓지 못하거나 내놓기를 꺼려한다. 그래서 몇 년 후에 다른 사람이 독립적인 발명이나 복제를 통해 같은 제품을 내놓고 명성과 부를 얻는다. 많은 경우 두 번째 사람이 발명자로 인정받는다.

이 모든 것을 종합한 것이 스티글러의 법칙이다. '모든 과학적인 발견은 최초 발견자의 이름을 따라 명명되지 않는다 [8]' 여기 널리 알려진 몇 가지 예가 있다.

토머스 크래퍼   수세식 변기를 발명했다.

이것이 사실이기를 많은 사람들이 바라고 있다. 그것은 배설물이라는 뜻을 가진 단어 크랩과 관련이 있어 보이는 크레퍼라는 그의 이름 때문이다. 그러나 사실 수세식 변기는 1590년대에 존 해링턴이 발명했고, 그 후 그의 디자인을 변형한 많은 제품들이 만들어졌다.

19세기에 살았던 크래퍼는 런던 전시장에서 욕실 가구를 팔던 판매원으로, 변기와 관련된 여러 개의 특허를 가지고 있었다. 쓰레기나 배변을 뜻하는 크랩[crap]이라는 단어도 전부터 있던 단어였다. 그러나 널리 사용된 그의 변기로 인해 그가 수세식 변기의 발명자로 알려지게 되었다.

---

8) 이 법칙에 이름을 빌려준 토머스 스티글러는 이 법칙을 제안한 사람이 사회학자인 로버트 K. 머튼이라고 주장했다. 따라서 스티글러의 법칙도 스티글러의 법칙을 따른다는 것이 증명되었다.

토머스 에디슨 전구를 발명했다.

발명자를 놓고 역사상 가장 많은 논란을 불러일으킨 것은 간단해 보이는 전구였다. 전구를 발명한 사람은 토머스 에디슨이라고 널리 알려져 있지만 많은 새로운 기술의 경우와 마찬가지로 그는 전구의 발명과 관련된 수많은 사람들 중 한 사람일 뿐이었다. 1800년에 최초로 구리 도선에 전류를 통과시켜 빛이 나오도록 한 알레산드로 볼타도 전구 발명의 공을 나누어 가져야 할 것이다. 2년 후에 험프리 데이비가 전극 사이에 이온화된 기체를 주입해 밝은 빛을 내는 '아크 램프'를 만들었다. 좀 더 그럴듯한 전구는 1840년 와렌 드 라 루가 만들었다. 그의 전구는 백금을 사용했기 때문에 너무 비싸 널리 사용되지 못했다. 그 후 수십 년 동안 다양한 디자인이 개발되었다.

실용적인 전구를 만든 사람은 1860년부터 전구 만드는 일을 했고, 1880년에 영국 특허를 취득한 조셉 스완이었다. 에디슨은 비슷한 디자인으로 미국 특허를 획득했고 성공적으로 시장에 진출했다

앞에서 언급한 모든 사람들이 '전구 발명자'의 자격을 가지고 있는 사람들이다. 그러나 많은 책들이 에디슨에게만 초점을 맞추고 있다.

헨리 포드 자동차와 조립 라인을 발명했다.

포드가 1908년에 모델 T를 만들기 전부터 자동차는 만들어졌다. 수레를 끄는 말이 필요 없는, 증기로 움직이는 차가 처음 만들어진 것은 18세기였다. 그러나 내연기관을 사용하는 자동차가 처음 도로를 달린 것은 1880년대였다.

포드는 자동차를 성공적으로 중간 계층의 시민들에게 판매한 사람

이었다. 그가 그렇게 할 수 있었던 것은 효율적인 조립 라인 덕분이었다. 특정 부분의 전문가들로 이루어진 노동자들 사이를 지나는 컨베이어 벨트를 이용하여 자동차를 조립하기 시작한 것이다.

종종 포드가 이런 생산 방법을 창안했다고 전해지지만 컨베이어 벨트를 이용한 생산 방법은 포드가 사용하기 이전부터 있었다. 예를 들면 또 다른 자동차 생산자였던 랜손 올즈도 포드보다 앞서서 효율적인 조립 라인을 가지고 있었다.

앨 고어 인터넷을 발명했다.

미국의 전 부통령이었던 엘 고어는 자신이 인터넷을 발명했다고 주장해 많은 사람들로부터 비판받았다. 그의 주장과는 달리 고어는 인터넷을 발명하지 않았다. 1999년에 했던 인터뷰에서 고어는 의회 의원으로 있는 동안에 '인터넷을 만드는 데 공헌했다'고 말했다. 따라서 그가 한 말의 뜻은 그의 정치적 후원이 인터넷 성장에 핵심적인 요소가 되었다는 것이었지 그가 인터넷 기술을 개발했다고 주장한 것은 아니었다. 그것은 마치 '케네디 대통령이 미국의 달 탐사 프로그램에 공헌했다'고 하는 것과 같다. 이 말을 케네디가 로켓이나 사람을 달까지 싣고 갈 탐사선을 만들었다는 의미로 해석하는 사람은 없을 것이다.

인터넷의 발전에 고어가 얼마나 공헌했는지에 대해서는 따져 보아야 하겠지만 그는 인터넷을 발명하지도 않았고, 발명했다고 주장하지도 않았다.

피타고라스　피타고라스의 정리를 발견했다.

우리 모두는 직각 삼각형의 빗변의 제곱은 다른 두 변의 제곱의 합과 같다는 피타고라스의 정리를 배웠다. 이 식은 피타고라스보다 훨씬 전부터 알려져 있었고, 많은 문명에서 사용하고 있었다. 피타고라스는 이것을 발견하지 않았지만 그것이 성립한다는 것을 처음으로 증명했다.

제임스 와트　증기기관을 발명했다.

와트는 증기기관의 발명자로 널리 알려져 있지만 사실 최초로 증기기관을 만든 사람이 아니었다. 잘 알려지지 않은 토머스 세이버리에게 증기기관의 발명자의 영예가 돌아가야 할 것이다.

1698년에 세이버리는 '물을 퍼내거나 우유 관련 작업에 사용되는' 장치로 특허를 받았지만 그가 만든 증기기관은 충분히 강력하지 않아 널리 사용되지 않았다.

1712년에 상업적으로 성공한 증기기관을 만든 사람은 세이버리와 다른 사람들이 만들었던 증기기관을 개량한 토머스 뉴커먼이었다. 제임스 와트보다 70년 앞서 만들어진 뉴커먼 증기기관은 산업 혁명 초기에 중요한 역할을 했다. 제임스 와트는 뉴커먼의 증기기관을 개량하여 더 효율적인 증기기관을 만들었다.

재미있는 화학

원자와 분자 세계에 대한 모험은
우리가 생각하는 것과는 전혀 다르다.

화학물질은 해롭기 때문에 가능하면 피해야 한다. 천연 식품을 먹어라!

일산화이수소는 어떤 일을 해도 좋지만 절대로 들이마셔서는 안 된다. 무색무취인 이 물질은 산성비의 주성분이고, 자연 풍경을 침식시키는 주범이며, 금속을 녹슬게 하고, 산업체에서 가장 많이 사용하는 용매이다. 해마다 수천 명의 사람들이 이 물질을 들이마시고 죽고 있다. 그런데도 대부분의 생산자들이 이 물질을 제품에 첨가한다.

H_2O, 또는 물로 우리에게 더 잘 알려져 있는 일산화이수소에 대한 이 이야기는 사용하는 언어에 따라 사람들에게 전달되는 의미가 얼마나 다른지를 보여주기 위해 사용되는, 널리 알려진 이야기이다. 이 경우에 자연=좋음, 화학물질=나쁨이라는 등식이 사람들의 사고를 지배하고 있다. 우리는 물이 앞에서 열거한 모든 일들을 하고 있다는 것을 알고 있다. 그러나 이것을 일산화이수소라고 부르는 순

간 나쁜 물질로 보이는 것이다.

대부분의 사람들은 화학물질을 매우 경계한다. 이것은 바람직한 현상이다. DDT나 CFCs와 같은 화학물질이 환경을 파괴했던 경험에 비추어 다른 화학물질도 우리에게 해가 될지 모른다고 생각하는 것이다. 그러나 우리는 일부 화학물질이 해롭다는 이유로 모든 화학물질이 나쁠 것이라고 생각해서는 안 된다. 이것은 마치 상어가 사람을 해칠 수도 있으므로 모든 물고기를 멀리 해야 한다고 주장하는 것과 같다.

우리가 소비하는 모든 것들이 화학물질로 만들어져 있다. 물뿐만 아니라 지방, 단백질, 설탕, 탄수화물 그리고 비타민도 모두 화학물질이다. 그런가 하면 아침식사, 점심, 저녁식사도 모두 화학물질이다. 따라서 화학물질을 먹지 않는 것은 가장 효과적인 다이어트가 될 것이다.

내가 이야기를 약간 과장한 것은 사실이다. 화학물질을 피하라는 것은 일부 첨가물을 이야기하는 것이다. 우리가 식품 첨가물로 사용하는 것들 중에는 특정한 건강 상태에 있는 사람들이 피해야 할 것들도 있다. 그러나 대부분의 식품 첨가물은 매일 먹는 양의 한도 안

에서는 해가 없을 뿐만 아니라 건강에 도움을 준다.

아마도 우리가 가장 문제로 삼는 식품 첨가물은 MSG일 것이다. 이 흰색 분말은 맛을 내는 데 사용되고 있으며 특히 중국 음식물에 많이 쓰인다. 그리고 현대인은 MSG가 두통, 감각상실, 공복감과 같은 여러 가지 증상과 관련이 있다고 생각하고 있다. 심지어는 나쁜 식품 첨가물의 대명사처럼 여기고 있다.

하지만 MSG는 과일과 채소 그리고 우유제품에 포함되어 있는 자연적인 물질이다. 따라서 사람들은 이것을 오랫동안 먹어왔다. 그리고 MSG를 식품에 첨가하기 시작한 것은 100년 전쯤부터이다.

MSG가 해롭다는 많은 주장에도 불구하고 어떤 과학적 연구에서도 MSG의 부작용에 대한 확실한 증거는 발견하지 못했다. 지나치게 많은 양의 MSG를 섭취하면 속이 느글거리는 것은 틀림없지만 연구자들의 연구 결과, 상당한 양의 MSG를 섭취해도 안전하다는 것을 알아냈다.

또 다른 예는 다이어트 소프트드링크에 많이 사용되고 있는 인공 감미료인 아스파탐이다. 인터넷에는 아스파탐에 대한 잘못된 정보가 넘쳐나고 있다. 이들은 암에서부터 알츠하이머 병 그리고 선천적 이상과 같은 많은 질병과 아스파탐을 결부시키고 있다. 많은 웹사이트는 아스파탐이 '음식물 첨가물 중에서 가장 위험한 물질'이라고 반복해서 경고하고 있지만 이러한 경고들은 과학적 증거로 보면 완전히 잘못된 것이다.

미국 식약청은 아스파탐이 '식약청이 허용한 식품 첨가물 중에서 가장 집중적으로 시험한 식품 첨가물 중 하나'라고 밝히고, 아스파탐의 안전에 '아무 문제가 없다'고 확인했다.

아스파탐의 위험성은 쉽게 전파되고 반복되는 특성을 가진 잘못된 인터넷 정보에서 시작되었다. 아스파탐을 피해야 하는 사람은 페닐케톤 뇨증을 앓고 있는 사람들뿐이다. 이런 사람들은 감미료의 성분 중 하나인 페닐알라닌을 많이 섭취하면 안 된다. 그 밖의 사람들에게는 아스파탐이 안전해서 설탕의 건강 대체 물질로 사용될 수 있다.

MSG와 아스파탐은 '가까이 하지 말라. 이것은 자연적인 것이 아니다'라는 오류의 수많은 대상 물질 중 두 가지 예일 뿐이다. 자연적인 것이 아니기 때문에 피해야 한다는 생각은 네 가지 면에서 문제가 있다.

- 사람이 만든 많은 물질은 매우 유용하고 큰 도움을 준다. 자연에 있는 물질 중 어떤 물질도 우리가 사용하는 치약, 비누, 암치료제, 두통약과 경쟁할 수 없다.
- 우리가 인공 화학물질이라고 생각하는 많은 물질들이 사실은 자연적인 물질이다. 가장 널리 사용되고 있는 방부제인 소르빈산, 안식향산, 이산화황, 나타마이신, 여러 가지 질산염은 모두 독성이 강한 인공 화학물질처럼 보이지만 자연에 풍부하게 존재하는 물질이다.

- 일부 합성물질은 피하는 것이 좋다는 것은 사실이다. 마찬가지로 많은 자연적인 물질도 해롭다. 예를 들면 소금은 지구상에 가장 많이 존재하는 화합물 중 하나이다. 모든 가정에서 사용 중인 소금의 과다 사용은 심장 관련 질병을 불러와 매년 수많은 사람들의 목숨을 앗아가고 있다. 대부분의 독성물질과 향정신성 물질도 자연에서 발견되는 물질이다.

- '자연적'이라는 것이 무엇을 의미할까?[9] 대부분의 유기 농산물은 대규모의 농경지에서 한 가지 작물만 재배하고, 비료를 사용하며, 트랙터를 이용하여 수확하고 있다. 그것이 자연적인 것일까? 옷을 입는 것은 자연적인 것일까? 자동차를 운전하는 것은 자연적인 것이 아닌 것일까? 아니면 단지 발전된 기술을 사용하는 것뿐일까? 자연적인 생활을 주장하는 사람들도 그들의 생각을 플라스틱 키보드를 사용하여 타이핑하고, 액정 모니터를 이용하여 그 내용을 확인한 다음 트랜지스터와 전자기 신호를 이용하여 인터넷에 올리고 있다.

---

9) 유기 농산물은 자연 식품일까? 유기 농산물을 먹은 데에는 환경적이고 윤리적인 그럴 만한 이유가 있다. 그러나 유기 농산물이 건강에 도움이 된다는 것은 그다지 명확하지 않다. 유기 농산물과 그렇지 않은 농산물을 비교하는 많은 연구가 있었지만 항상 같은 결과가 나오지는 않았다. 일부 연구에서는 유기 농산물이 약간 도움이 되는 것으로 나타났지만 다른 연구에서는 그렇지 않았다.

자연적인 것과 인공적인 합성에 대한 논란은 큰 의미가 없다. 모든 화학물질을 배제하고 자연에서 발견되는 물질만 받아들이는 것은 어리석은 일이다. 우리가 소비하는 모든 물질은 인공이냐 자연적이냐가 아니라 그 물질 자체의 유용성 측면에서 살펴보아야 한다. 자연적인 것이 안전하거나 바람직한 것이 아니고, 인공적으로 합성된 물질이 꼭 위험한 것이 아니기 때문이다.

물은 100℃에서 끓고 0℃에서 언다

섭씨온도(℃)를 이용하여 온도를 측정하는 것은 화씨온도(℉)를 이용하는 것보다 적어도 두 가지 면에서 유리하다. 하나는 섭씨온도를 나타내는 셀시우스Celsius의 영어 스펠링이 간단해 외우기 쉽다는 것이고, 또 하나는 물이 어는점과 끓는점이 우리에게 가장 익숙한 숫자로 나타난다는 것이다. 물의 어는점은 0℃(32℉)이고 끓는점은 100℃(212℉)이다.

그러나 물이 항상 0℃에서 얼고, 100℃에서 끓는 것은 아니다. 이 것은 아주 특정한 조건 하에서만 그렇다. 어는점과 끓는점은 고도, 좀 더 정확하게 말하면 압력에 따라 달라진다. 세계에서 가장 높은 건물인 828m 높이의 부르즈 칼리파 빌딩에 별장을 소유할 수 있을 만큼 부자라고 해도 이 높이에서는 물이 97℃에서 끓기 때문에 덜 익은 파스타를 먹어야 하는 어려움을 피할 수 없을 것이다. 부엌을 에베레스트 산의 꼭대기로 옮긴다면 70℃에서 익힌 파스타를 먹어야 할 것이다.

높이에 따른 끓는점의 차이가 실제로 많은 사람들이 맛있는 파이를 즐기는 데 중요한 요소가 되고 있다. 예를 들면 해발 5100m 고지인 페루의 라 린코나다에는 주민 5만 명이 살고 있다. 이 높이에서는 83℃에서 물이 끓는다. 볼리비아의 행정 수도인 라 파즈의 200만 주민은 88℃에서 끓인 차를 마신다. 이러한 차이는 요리를 할 때 큰 문제가 된다. 찰스 다윈은 아르헨티나의 고지대를 여행할 때 덜 익은 감자에 대해 불평했다. 다행스럽게도 현대에는 고지대에 살고 있는 사람들이 압력 용기를 사용해 압력 차이로 인한 문제를 극복하고 있다.

우리가 바다 근처 저지대에 살고 있다고 해도 물이 정확하게 100℃에서 끓는 것은 아니다. 국제적인 정의에 의하면 파리와 같은 위도의 해수면에서 받는 평균 대기압은 101.325Pa(파스칼)이다. 우리가 살고 있는 지역의 대기압이 정확히 이 값과 일치하기는 매우 어렵다. 바다 부근에 살고 있다면 대기압이 이 값에 매우 근접하겠지만 물이 정확하게 100℃에서 끓는 일은 드문 일일 것이다.

넓은 우주에서는 이야기가 완전히 달라진다. 지금까지 우리는 지구 표면에 대해서만 이야기했다. 그러나 지구 표면은 우주 전체의 환경을 대표한다고 할 수 없다. 지구 저궤도에서부터 먼 우주까지의 대부분의 공간은 거의 완전한 진공이고 평균 온도는 -270℃ 정도이다. 이런 곳에서는 액체 상태의 물이 어떻게 될까? 이 온도는 물이 어는 온도보다 훨씬 낮은 온도이다. 반면에 대기의 압력이 0에 가깝기 때문에 끓는점도 아주 낮다. 그렇다면 이런 곳에서는 물이 얼까? 아니면 끓을까?

두 가지 모두 가능하다. 우주 공간에서 오줌을 누면 오줌이 기체로 증발하고, 기체가 즉시 승화하여 황금색의 결정으로 변할 것이다.

끓는점에 영향을 주는 것은 대기압만이 아니다. 물에 녹아 있는 용질의 양 역시 중요하다. 수돗물에는 많은 물질이 녹아 있다. 이런 물질이 끓는점을 높여 물은 100℃보다 약간 높은 온도에서 끓는다. 스파게티 요리를 할 때 소금을 첨가하면 물이 끓는 온도를 1~2℃ 높일 수 있다. 반면에 어는점은 내려간다. 추운 겨울에 도로 위에 소금을 뿌리는 것은 이 때문이다. 물에 소금이 포함되어 있으면 온도가 0℃보다 낮아진 후에야 물이 얼기 시작하기 때문이다. 또한 소금 알갱이가 타이어와 도로 사이의 마찰력을 증가시켜줄 수도 있다.

따라서 물이 100℃에서 끓고, 0℃에서 어는 것은 이상적인 경우 뿐이다. 실제로는 그런 일이 거의 일어나지 않는다.

물질은 고체, 액체, 기체 중
한 가지 상태로 존재한다

우리 주변에 있는 물질은 쉽게 고체, 액체, 기체로 분류할 수 있다. 우리는 직관적으로 이 세 가지 상태를 구분한다. 바보가 아닌 이상 누구도 구름이나 수증기 안에서 수영을 하려고 하거나 얼음으로 물건을 씻으려고 하지 않을 것이다.

고체는 원자와 분자가 규칙적으로 배열하여 만들어진 밀도가 높은 물체이다. 열을 가하면 분자나 원자들 사이의 결합이 흔들리기 시작해 끊어진다. 인간의 크기에서 보면 얼음이 녹아 물로 변하는 것처럼 고체에서 액체로 변하면 부드러운 물질이 된 것처럼 보인다. 원자 수준에서 보면 원자나 분자 사이의 강한 결합이 끊어져 원자나 분자들이 자유롭게 돌아다닐 수 있다. 그러나 액체 상태에서는 분자들이 서로 맞닿아 있다. 하지만 분자나 원자 사이의 결합력은 고체의 경우보다 훨씬 약하다. 액체에 열을 가하면 일부 분자들은 물질에서 벗어날 수 있는 충분한 에너지를 얻게 된다. 이런 분자들은 증발하여 기체로 변한다. 기체를 이루는 분자들은 이웃 분자들로부터 거의 힘을 받지 않고 자유롭게 공간을 날아다닌다. 우리는 기체 안이나 액체 안을 걸어갈 수 있지만 고체를 통과하기 위해서는 갈비뼈를 몇 개 부러트릴 각오를 해야 한다.

우리는 적절한 온도와 압력 하에서 살아가고 있기 때문에 세상에는 고체, 액체, 기체만 있는 것으로 생각하지만 사실 네 번째 기본적인 물질의 상태가 있다. 그리고 이 네 번째 상태의 물질은 다른 세 가지 상태의 물질을 모두 합한 것보다도 훨씬 많다. 이 네 번째 상태가 바로 플라스마이다.

플라스마는 열이나 전기를 이용하여 기체를 충돌시켰을 때 만들어진다. 원자핵에서 전자가 떨어져 나가도록 하면 전하를 띤 입자들로 이루어진 희박한 수프가 만들어진다. 이 때문에 플라스마를 이온화된 기체라고도 한다. 전하를 띤 입자가 이온이다.

플라스마는 일정한 모양을 가지고 있지 않는 기체와 비슷한 성질을 일부 가지고 있다. 그러나 전하를 띤 입자들로 이루어진 플라스마는 기체와 다른 여러 가지 성질을 가지고 있다. 플라스마는 전류를 잘 통하고 자기장과 상호작용한다. 또한 필라멘트를 형성하기도 한다.

플라스마는 이상한 물질이다. 그러나 우리가 생각하는 것보다 훨썬 우리에게 익숙한 물질이다. 플라스마 텔레비전을 가지고 있는 사람들이라면 하루에도 몇 시간씩 플라스마가 내는 불빛을 바라보면서 생활하고 있다. 네온 등에서 나오는 빛이나 번개나 벼락이 내는 밝은 불꽃도 플라스마가 만들어내는 빛이다. 가운데 있는 유리구에서 촉수처럼 뻗어 나온 빛줄기가 바깥쪽 유리구에 도달하는 장치에 손을 대본 사람은 플라스마를 거의 만져 보았다고 할 수 있다.

우리가 매일 마주하는 가장 큰 플라스마는 태양이다. 태양을 비롯해 모든 별들은 수소 원자가 양성자와 전자로 분리되어 있는 플라스마로 이루어져 있다. 은하 사이의 넓은 '공간'에는 더 많은 양의 플라스마가 분포되어 있다. 이곳에는 이온화된 수소로 이루어진 거대한 필라멘트가 수천 광년이나 길게 뻗어 있다. 따라서 우리가 일상생활을 통해 관측할 수 있는 물질은 고체, 액체, 기체, 플라스마의 네 가지 상태로 이루어져 있다.

그런데 물질의 상태는 이 네 가지만 있는 것도 아니다. 물질은 우리가 직접 경험하기 힘든 다른 여러 가지 상태도 가지고 있다. 예를 들면 보즈-아인슈타인 응축상태는 우주 공간의 온도보다도 훨씬 더 낮은 절대온도 수십억 분의 1도밖에 안 되는 낮은 온도 상태의 기체이다. 이런 온도에서는 입자들이 거의 운동을 하지 않아 개별 입자의 성질을 잃고 하나의 초입자로 행동한다.

일상생활에서는 보즈-아인슈타인 응축상태를 경험할 수 없다, 이런 상태를 관측하기 위해서는 노벨상을 탈 수 있을 만한 정교한

레이저 장치와 유능한 물리학자들이 있어야 한다. 그럼에도 불구하고 이 상태는 우주를 지배하는 기본적인 법칙에 대해 많은 것을 알려주는 매우 중요한 상태이다.

이상한 상태 박물관에는 쿼크-글루온 플라스마, 초액체, 초고체, 포톤 물질, 스트렌지 물질과 같은 전시품이 해마다 늘어나고 있다. 여기에는 우주를 구성하고 있는 물질의 83%를 차지하고 있는 것으로 알려진 '암흑물질'은 포함시키지 않았다.

암흑물질에 대해서는 알려진 것이 거의 없다. 다른 물질에 미치는 중력을 통해 암흑물질의 존재에 대해서는 알게 되었지만 암흑물질을 볼 수도 없고, 성질을 측정할 수도 없다.

우주가 고체, 액체, 기체로 이루어졌다고 생각하고 있다면 그것이야말로 가장 잘못된 생각이다. 우주에서 관측할 수 있는 물질의 99%는 플라스마이고, 아직 관측할 수 없는 암흑물질의 양은 이보다도 훨씬 많다. 우주에서 보면 고체와 액체 그리고 기체는 존재하지 않는 것이나 마찬가지이다.

물에는 전기가 잘 통한다

'열여섯 살짜리 쉐필드 소년이 뜻밖의 사고로 사망했다. 그는 다른 두 젊은이가 욕실의 블라인드를 수리하고 있는 동안 목욕을 하고 있었다. 젊은이들이 전선에 연결되어 있는 전구를 물 속에 떨어뜨렸다. 강한 전기 쇼크로 젊은이는 즉시 목숨을 잃었다. 전구에 연결된 전기의 전압은 200V였다.'

비버리와 이스트 라이딩 리코더, 1916년 2월 19일 토요일

이와 같은 사고는 물과 전기를 접촉시키는 것이 얼마나 위험한 일인지를 알려주고 있다. 이것은 우리의 생명을 보호하기 위해 꼭 알고 있어야 하는 일이다. 그러나 이런 경험들과는 달리 사실 물은 전기를 잘 통하지 않는다. 순수한 물은 그렇다.

수돗물이나 바닷물에는 많은 불순물들이 포함되어 있다. 전기를 통하게 하는 것은 물에 포함된 이런 불순물들이다. 불순물을 제거한 순수한 물은 도체라기보다는 부도체에 가깝다. 왜 그런지 알기 위해서는 원자 구조를 떠올려 보아야 한다.

전류가 흐르기 위해서는 전하를 띤 입자들이 흘러가야 한다. 구리는 이런 조건을 잘 만족시킨다. 도선을 구성하고 있는 구리 원자들은 29개의 전자를 가지고 있다. 이 중 28개의 전자는 원자핵에 강하게 결합되어 있다. 이 전자들은 서로 헤어지지 않으려고 하는 삼총사들처럼 원자에서 벗어나려고 하지 않는다. 그러나 29번째 전자는 원자의 가장자리에서 원자핵을 돌고 있다. 이 전자들은 원자핵으로부터 약한 힘을 받고 있어 쉽게 원자를 벗어날 수 있다. 따라서 구리 도선은 원자핵들 사이를 자유롭게 돌아다니는 많은 '자유전자'를 가지고 있다. 도선에 전압이 걸리면 자유전자들이 한 방향으로 움직이게 된다. 전자들은 (-) 전하를 띠고 있어 (-) 전극에서는 밀어내고 (+) 극에서는 잡아당기기 때문이다. 이를 우리는 도선에 전류가 흐른다고 말한다.

전기는 전자들에 의해서만 옮겨지는 것이 아니다. 원자에서 전자를 제거하면 원자가 (+) 전하를 띤 이온이 된다. 이런 이온들도 전류를 흐르게 할 수 있다. 이런 경우에는 이온이 (-) 극 쪽으로 이동한다.

순수한 물에는 전하를 띤 입자들의 수가 아주 적다. 가끔씩 전자를 잃고 이온이 된 물 분자가 다른 물 분자와 결합하여 H_3O^+ 이온과 OH^- 이온을 만든다. 따라서 물에도 약간의 이온이 존재한다. 그러나 그 수가 적어 좋은 전기전도체가 되지는 못한다. 그런데 약간의 소금을 넣기만 해도 모든 것이 변한다. 수돗물에는 많은 양의 마그네슘과 칼슘이 녹아 있다. 이런 원소들은 물속에서 전자를 잃고 이온 상태로 존재한다. 이 이온들이 우리가 일상생활에서 접하는 물이 좋은 전기전도체가 되도록 만든다.

순수한 물로[10] 목욕을 한다면 목욕물에 전구를 빠트려도 아무 일도 일어나지 않을 것이다. 그러나 수돗물로 목욕을 하다 전구를 빠트리면 목숨을 잃을 수도 있다.

소금이 녹으면서 만들어진 많은 양의 소듐과 염소 이온을 포함하고 있는 바닷물은 수돗물보다도 더 좋은 전도체이다. 따라서 죠스 2에 나오는 흰 상어도 전기쇼크로 죽일 수 있다.

---

10) 집에서는 절대 실험하지 말 것.

유리는 액체이다

오래된 건물을 잘 알고 있는 친구와 건물을 돌아보고 있을 때 친구가 창문을 보면서 '유리의 아랫부분이 두꺼워진 것을 좀 봐'라고 말하는 것을 들은 적이 있을 것이다. 그 친구는 아마 '유리 아랫부분이 두꺼워진 것은 유리가 고체가 아니라 액체이기 때문이야. 이 오래된 창문에 중력이 작용하여 유리가 서서히 아래로 흘러내린 거야'와 같은 설명을 덧붙일 것이다. 유리는 고체처럼 보이지만 사실은 아주 진한 액체라는 것이다.

유리가 액체라는 이 도시의 신화는 이미 깨진 듯하지만 아직도 널리 받아들여지고 있다. 유리는[11] 보통 온도에서 액체가 아니다. 유리

---

11) 분명하게 하기 위해 우리가 여기서 이야기하는 유리는 보통 창문에 사용하는 규산염을 바탕으로 하는 유리라는 것을 밝혀둔다. 많은 다른 형태의 유리 중에는 액체와 같은 성질을 가지고 있는 것도 있다.

는 수백 년이 지나면 알아차릴 수 있을 정도로 흘러내리지 않는다. 일부 고대 유리는 실제로 아래쪽이 두껍지만 그것은 만들 때부터 그렇게 만들어졌기 때문이다.

중세의 유리 제작자들이 오늘날의 유리로 된 사무실을 보면 깜짝 놀랄 것이다. 대도시에 살고 있는 우리는 아무 생각 없이 유리로 지어진 대형 건물 앞을 지나다니고 있다. 심지어는 유리로 지어진 건물이 너무 흔해 식상할 정도이다. 그러나 13세기의 유리 제작자들에게는 이 유리 절벽이 헬리콥터만큼이나 특이하고 이해할 수 없을 것이다. 그 당시의 기술로는 작은 유리판밖에 생산할 수 없었고, 그것마저도 두께와 투명도가 일정하지 않았다. 그래서 유리판을 건물에 붙일 때 두꺼운 부분이 아래쪽으로 오도록 한 것은 자연스러운 일이었다. 오래된 창문의 아래쪽이 더 두꺼운 것은 이 때문이다.

그러나 유리가 흘러내린다는 것을 증명하는 증거도 있다. 오스트레일리아의 퀸즈랜드 대학을 방문하면 세계에서 가장 오래 계속되고 있는 과학 연구를 직접 볼 수 있다.

1927년에 토머스 파넬 교수가 설치한 피치 드롭 실험 장치는 학생들에게 고체가 액체처럼 행동한다는 것을 보여주기 위한 실험 장치이다. 그의 타르 피치 샘플은 매우 진해서 10년에 한 방울씩만 떨어진다. 이 타르의 점성도는 물의 점성도보다 2조 3000억 배나 높다. 지루하다를 '페인트가 마르는 것을 보는 것'처럼 지루하다고 말해왔다면 이제부터는 '피치가 떨어지기를 기다리는 것'만큼 지루하다고 말하는 것은 어떨까?

피치가 천천히 흘러내릴 수 있다면 유리도 가능하지 않을까? 구조적인 면에서 보면 유리는 액체와 비슷하다. 유리를 구성하는 원자들은 어린이집 바닥에 흩어져 있는 장난감들처럼 불규칙하게 결합되어 있다. 그러나 이 원자들은 아주 강하게 연결되어 있어 흘러내리거나 미끄러지지 않는다. 따라서 유리 원자들은 부정형 고체를 이룬다. 때문에 우리가 살아가는 온도에서는 수억 년을 기다리지 않는 한 유리가 흘러내리는 것을 볼 수는 없을 것이다.

이에 반해 피치에는 커다란 분자들이 복잡하게 섞여 있다. 피치는 고체처럼 보이지만 아주 진한 수프이다. 따라서 충분히 오랜 시간이 지나면 구성 성분들이 천천히 분리되어 흘러내린다.

원자는 전자들이 원자핵을 돌고 있는 작은 태양계이다

우주를 구성하고 있는 모든 원자는 같은 원리로 만들어졌다. 모든 원자의 중심에는 원자핵이라고 불리는 알갱이가 있고, 그 주위에는 전자라고 부르는 작은 알갱이들이 정해진 궤도 위에서 빠르게 원자핵을 돌고 있다. 원자의 모양은 마치 작은 태양계처럼 보인다. 밀도가 높고 무거운 원자핵은 태양의 역할을 하고 전자들은 태양을 돌고 있는 행성들을 닮았다.

학교에서도 이와 비슷하게 배운 사람들이 있을 것이다. 원자의 구조를 처음 배울 때는 태양과 행성의 비유가 원자의 구조를 이해하는데 도움이 된다. 그러나 이것은 원자의 구조를 오해하게 만들 수 있다.

원자는 우리가 일상생활에서 접하는 어떤 물체와도 같지 않다. 원자처럼 작은 세계에 적용되는 규칙은 전혀 다르다. 여기에는 양자 규칙이 적용된다. 입자들이 갑자기 나타나거나 사라질 수도 있다. 그런가 하면 두 가지 다른 상태에 동시에 존재할 수도 있다.

많은 선생님들이 태양과 행성들을 비유로 하여 원자의 세계를 설명하려고 하는 것은 놀라운 일이다.

내게 화학을 가르쳐주셨던 화학 선생님은[12] 다른 방법으로 접근했다. 그 선생님은 태양계에 비유하는 고전적인 방법 대신 호기심 많은 10대 학생들이 훨씬 더 흥미있어 할 섬뜩한 비유를 사용했다. 그는 파리를 탁상 표면에 얹어 놓고 엄지손가락으로 눌러 문지른 다음 파리의 눈이 어디에 있느냐고 물었다. 더 이상의 정보가 없다면 으깨진 파리의 몸 어딘가에 파리의 두 눈이 있을 것이라는 것만 알 수 있을 뿐이다. 그는 으깨진 파리가 헬륨 원자와 비슷하다고 설명했다. 헬륨은 두 개의 전자를 가지고 있다. 전자들은 원자핵 주변의 어딘가에 있지만 우리는 정확히 어디에 있는지 알 수 없다. 전자들은 구 형태의 확률 구름 속에 퍼져 있다.

확률 구름을 화학자들은 s-오비탈이라고 부른다. 이 말은 '궤도'라는 뜻을 지닌 'orbit'와 비슷하게 들린다. 따라서 전자가 행성처럼 원자핵 주위를 돌고 있다는 생각을 하게 된 것이다. 그러나 헬륨보다 큰 두 개 이상의 전자를 가지고 있는 원자의 구조를 보면 이런

---

12) 돈 아인리라고 부르는 놀라운 선생님은 더 이상 이 세상 분이 아니다.

세 가지 f-오비탈에 대한 간단한 스케치. 이 그림에는 나타나 있지 않은 원자핵은 중심부에 있다. 이것은 행성의 궤도와는 조금도 비슷하지 않다.

생각이 틀렸다는 것을 곧 알 수 있다. 이런 전자들은 특정한 구에 잡혀 있는 것이 아니라 아령이나 꽃잎 모양을 한 이상하게 생긴 공간 안에 잡혀 있다. 이런 모양의 태양계를 본 적이 있는가?

예를 들면 플루토늄 원자는 94개의 전자를 가지고 있다. 이 전자들은 수십 개의 구, 꽃잎 그리고 엽들을 채우고 있다. 전자들은 원형 궤도를 돌고 있는 것이 아니라 확률의 구름처럼 퍼져 있다. 이런 설명도 아주 단순화한 설명이다. 원자 안에서 전자가 어떻게 행동하는지 좀 더 자세하게 알기 위해서는 복잡한 수학을 이용해야 한다. 그것은 이 책의 한계를 크게 벗어나는 일이다. 원자에 관심이 있다면 슈뢰딩거 방정식을 공부해야 한다.

지구상의 생명체

생명이 어떻게 시작되었는지는 아무도 모른다.
그리고 어떻게 진화해왔고,
어떻게 지구 전체에 퍼졌는지에 대해서도 많은 부분이 신비에 싸여 있다.
그러한 불확실성으로 인해 많은 신화와 오해가 생겼다.

지구의 나이에 비해 생명체가 존재한 기간은 아주 짧다

TV 과학 해설가이며 입자 물리학자인 브라이언 콕스는 우주의 신비를 설명할 때 '수백만의 수십억 배'라는 말을 자주 사용해서 놀림 받았다. 그러나 그러한 놀림은 불공정한 면이 있다. 엄청난 시간과 공간을 설명할 때 믿을 수 없을 만큼 큰 숫자를 피하기는 어렵다. 지구를 설명할 때도 마찬가지이다. 현재까지 알아낸 지구의 나이는 45억 4000만 년이다. 다시 말해 아주 긴 시간이다.

인류가 지구 역사에 늦게 등장했다는 것을 보여주는 프로그램이나 책을 본 적이 있을 것이다. 직관적으로 지구의 지질학적 역사가 얼마나 긴 시간인지를 상상할 수 있는 사람은 아무도 없기 때문에 수백만 년의 수십억 배라는 말을 사용한다. 보통 지구가 형성된 사건을 자정으로 하고 지구의 역사를 24시간으로 비유한다. 이 경우

포유류는 11시 39분경에 무대에 등장했고, 현대 인류는 약 1초나 2초 전에 등장한 것이 된다.

그러나 지구 역사에서 인류가 차지하는 부분이 아주 적다는 것을 이유로 모든 생명체의 역사가 지구 역사에 비해 아주 짧다고 결론지어서는 안 된다. 현재 우리는 15억 년 전에 살았던 복잡한 단세포 동물의 화석을 가지고 있다. 이것은 24시간 스케일에서 보면 오후 4시에 해당된다. 이 생명체도 비교적 늦게 나타난 종이다. 생명체의 화학적 흔적은 이보다 훨씬 오랜된 암석에서도 발견된다.

최근에 발견된 증거에 의하면 생명체의 역사는 41억 년이나 된다. 이때는 아직 지구가 화산 활동이 심해 지옥처럼 뜨겁던 시기였다.[13] 2015년에 발표된 연구에서는 이 시기에 만들어진 작은 결정 안에 포함된 탄소동위원소의 양을 측정했다. 그 결과는 최근 샘플에서 발견할 수 있었던 것과 같은 생명체의 흔적을 나타내는 비율을 나타내고 있었다. 이를 확인하기 위해서는 더 많은 연구가 이루어져야 하겠지만 이것이 사실이라면 지구 역사의 10분의 9 동안 생명체가 살고 있었던 것이 된다.

이러한 '빠른 생명체의 시작'은 우주의 다른 곳에서도 생명체를 발견할 수 있을 것이라는 희망을 갖게 한다.

---

13) 지구가 형성된 후 자리를 잡는 일이 진행되던 이 시기를 고대 그리스어에서 지하세계를 나타내는 하데스를 따라 명왕누대라고 부른다.

모든 생명체는
태양에 의존하여 살아간다

　J. M. W 터너는 죽어가면서 '태양은 신이다'라고 선언했다. 어떤 면에서 우리 모두는 이 예술가의 생각에 동의한다. 태양계의 중심에 자리 잡고 있는 태양계의 유일한 별인 태양은 지구에 살고 있는 모든 생명체의 에너지원이다. 적어도 최근까지는 그렇게 생각했다.

　오랫동안 지구에 살고 있는 모든 생명체는 태양으로부터 에너지를 얻어 살아가고 있는 것으로 생각했다. 식물과 특정 미생물은 태양 빛에서 직접 에너지를 얻는다. 광합성 작용은 태양 빛의 에너지를 식물 안에 저장되어 있는 화학에너지로 전환한다. 광합성 작용을 할 수 없는 동물들은 광합성과 같은 어려운 일은 식물에게 맡기고 대신 식물을 먹는다. 육식동물은 한 걸음 물러나 식물을 먹고 살아가는 동물을 먹는다. 심지어는 깊은 해저의 영원한 어둠 속에서 살아가고 있는 동물들도 태양에서 시작되는 먹이 사슬의 한 부분을 담당하고 있다. 심해 동물들은 해양 눈이라고도 부르는, 위에서 떨어지는 먹이를 먹고 산다. 따라서 이들도 태양에서 에너지를 얻고 있는 셈이다.

그러나 1977년에 놀라운 발견이 있었다. 심해 탐사선인 앨빈은[14] 갈라파고스 섬 근처의 해저 산맥 부근에서 전에는 본 적 없는 해저 열수분출구를 찾고 있었다. 열수는 바닷물이 암석 틈 사이로 흘러들어가 화산 마그마를 만나서 만들어진다. 화산의 뜨거운 열기가 물을 뜨겁게 가열한 다음 높은 압력으로 바위틈을 통해 간헐천처럼 해저로 분출한다.

앨빈 호의 잠수부들은 그러한 분출구를 발견했을 뿐만 아니라 검은 흡연자라고 부르는 높은 원통 모양의 구조도 발견했다. 이 흑요석 굴뚝은 납을 녹일 수 있을 정도(340℃)로 뜨거운 물이 해저의 낮은 온도와 만날 때 만들어진다. 뜨거운 물에 녹아 있던 아황산염과 같은 광물 입자들이 차갑게 식으면서 석출되어 굴뚝과 같은 높은 구조물을 만든 것이다.

놀라운 사실은 이 검은 흡연자가 이전에는 알려지지 않았던 생명

---

14) 이 잠수정은 탐험의 중요성 측면에서 보면 아폴로 11호나 허블우주망원경과 미교할 수 있다. 앨빈은 열수배출구의 발견뿐만 아니라 RMS 타이타닉의 진해를 조사하는 데도 사용되었다. 이 잠수정은 첫 임무를 시작하고 50년이 지난 오늘날에도 계속 사용되고 있다. 현재 사용되는 앨빈은 성능이 훨씬 향상되었고, 많은 부분이 개조되었다.

체들로 가득 차 있었던 것이다. 잠수부들은 이곳에서 관 벌레, 게, 달팽이, 새우, 물고기와 같은 다양한 생명체들을 발견했다. 이들은 엄청난 압력, 높은 염도, 대부분의 생명체에게는 독이 되는 황산염, 불과 몇 cm 거리에서도 온도가 수백도가 변하는 상상의 끝을 달리는 가장 혹독한 환경에서 살아가고 있었다. 인간의 기준으로 보면 이곳은 해양 버전의 지옥이었다. 그럼에도 이곳에서는 부근의 해저보다 훨씬 다양한 생명체들이 살아가고 있어 놀라움을 안긴다.

분출구 주변에 집단적으로 서식하는 세균이 이 생태계를 지지해주고 있다. 이 세균들은 굴뚝을 이루고 있는 화학물질에서 에너지를 얻고 있는데 가장 좋아하는 화학물질은 썩은 달걀 냄새가 나는 황화수소이다. 빛 에너지를 이용하는 광합성 대신에 화학물질에서 에너지를 얻는 과정은 화학합성이라고 부른다. 만약 내일 태양이 사라진다고 해도 이 작은 생명체들은 계속 번성할 것이다.

열수분출구 주변에 살고 있는 큰 동물들은 지표에 살고 있는 동물들이 식물이나 조류를 먹는 것과 마찬가지로 세균을 먹어서 에너지를 얻는다. 이 생명들은 태양에서 에너지를 얻고 있지는 않지만 살아가기 위해서 산소는 필요로 한다. 산소는 지표에 살고 있는 생명체가 광합성을 하는 동안에 만들어내는 기체이다. 따라서 혐기성 세균만이 태양으로부터 완전히 독립된 생명체라고 할 수 있다.

열수분출구 부근에 살고 있는 생명체에게는 태양이 아니라 지구의 핵이 신일 것이다.

이 발견은 그 자체로도 중요하지만 그것이 의미하는 바 역시 중요하다. 생명체가 그런 극한 상황에서 살아갈 수 있다면 태양계의 다른 곳에서도 생명체가 살아가고 있을 가능성이 커진다.

많은 과학자들이 지구의 생명체가 이 열수배출구에서 시작되었을 것이라고 보고 있다. 화학합성을 하는 세균의 입장에서 보면 극한 상황에서 살아가는 것은 그들이 아니라 우리들이다. 지상 생명체들은 태양 빛이 내리쬐고 반응성이 강한 산소 기체가 많은 혹독한 환경을 견뎌내기 위해 수십억 년 동안의 진화 과정을 거쳤다.

물고기가 바다를 떠난
첫 번째 동물이다

말뚝망둥어를 본 적이 있는가? 툭 튀어나온 눈과 매끄러운 피부를 가진 이 이상한 생명체는 개구리와 물고기의 중간쯤에 해당하는 동물처럼 보인다. 앞 지느러미를 다리처럼 사용하는 말뚝망둥어는 해변의 모래나 개펄에서 발견된다. 이들은 100% 물고기지만 생애의 4분의 3을 물 밖에서 살며 나무에 오를 수도 있다.

말뚝망둥어와 비슷한 생명체가 우리를 포함해 지상에 살고 있는 모든 네 다리를 가지고 있는 척추동물의 조상이라고 생각되어지고 있다.

어느 시기에 특별히 대담한 물고기가 짧은 시간 동안 물 밖으로 나오는 모험을 감행했을 것이다. 시간이 지나면서 더 긴 시간을 해변에서 보내게 되었을 것이다. 점차 부레가 허파로 변해 최초의 양

서류가 나타났을 것이고, 그 다음에 파충류와 새 그리고 포유류가 뒤따라 등장했을 것이다.

잘 보존된 그런 생명체의 화석이 2004년 캐나다에서 발견되었다. 틱타알릭^{tiktaalik}이라고 부르는 이 생명체는 3억 7500만 년 전에 전 세계 바다에 살았다. 엽 형태로 되어 있는 지느러미를 이용하여 얕은 물이나 땅 위를 돌아다니다가 다시 바다로 돌아갔을 것으로 추측되는 이 생명체는, 물고기이면서도 후에 나타난 네발동물의 많은 특징을 가지고 있다. 그러나 틱타알릭이 오늘날 살아 있는 생명체의 직접 조상인지는 확실하지 않다. 아마도 오늘날의 네발동물로 이어지는 진화 과정의 분지일 가능성이 크다. 따라서 이 생명체를 바다와 육상 생명체를 이어주는 '잃어버린 고리'라고 부르는 것은 잘못된 주장일 가능성이 크다. 하지만 이들의 화석은 물속에 사는 물고기와 육상 동물 사이를 이어주는 생명체가 어떤 동물이었을지를 잘 보여주고 있다.

틱타알릭과 이들의 4촌들은 육지에 나타난 최초의 동물이 아니었다. 이들이 육상에 나타났을 때 육상에는 이미 생명체들이 살고 있었다.

육상에 살았던 절지동물의 흔적은 5억 년 전으로 거슬러 올라간다. 오존층이 형성되기 이전이었기 때문에 모험심이 강했던 이 생명체들은 강한 자외선에 노출되어야 했을 것이다. 개척자 절지동물들은 육상에서 먼지만 날리는 황량한 벌판밖에 발견할 수 없었을 것이다. 여기저기에서 조류의 군집을 발견할 수는 있었겠지만 육상식물은 아직 없었다.

현재까지 발견된 가장 오래된 육상 동물의 화석은 뉴모데스무스 뉴마니^{pneumodesmus newmani}라고 부르는 노래기이다. 이 노래기는 4억 2800만 년 전에 육지의 먼지 속을 기어 다녔다. 2004년에 버스 기사였던 마이크 뉴만이 스코틀랜드 해변에서 물 밖에서만 사용할 수 있는 호흡기로 사용되는 공기구멍을 가지고 있었던 이 동물의 화석 한 개를 발견했다.

그렇게 시작한 육상 동물은 초기의 곤충들을 비롯한 수많은 다양한 종의 생명체로 분화되었다. 기어 다니는 물고기가 처음 땅 위로 올라왔을 때는 많은 동반자들이 있었던 것이다.

공룡의 멸종을 가져온 운석 충돌은
지구 역사상 최대 생명 멸종사건이었다

타임머신을 타고 과거로 여행할 수 있다면 시간 다이얼을 6600만 년 전으로 맞추지 않도록 조심해야 할 것이다. 누구도 그 시기로 돌아가고 싶지 않을 것이다. 이 시기에 지구에는 엄청난 재앙이 닥쳐 대부분의 커다란 동물이 멸종되었다.

아름다운 도로나 카페가 없는 파리 크기 정도의 암석을 생각해보자. 이런 암석이 지구를 향해 10만 8000km/h의 속력으로 돌진해 오는 장면을 상상해보라. 6600만 년 전에 멕시코 만에 서 있었다면 그것이 세상에서 본 마지막 장면이었을 것이다.

이 충돌로 만들어진 크레이터의 지름은 177km이고, 깊이는 19.3km이다. 말할 것도 없이 이것은 지구에 사는 모든 생명체들에게 커다란 재앙이었다.

실제로 지구 전체가 이 충돌로 인한 충격파의 영향을 받아 지진과 화산 분출이 뒤따랐다. 계속해서 공기 중으로 분출된 먼지는 태양 빛을 가렸고, 빗물을 산성화하여 그 후 오랫동안 식물의 성장을 방해했다. 이로 인해 모든 동물과 식물의 4분의 3이 멸종되었고 먹이사슬이 붕괴되었다. 공룡을 포함한 대형 동물들은 살아남을 수 없었다.

이 사건은 지구 환경에 큰 영향을 주어 지질학적 시대를 바꾸어 놓게 되었다. 이 사건을 경계로 중생대가 끝나고 신생대가 시작되었다. 다시 말해 파충류의 시대가 끝나고 포유류의 시대가 된 것이다.

과학자들은 이 대규모 멸종 사건이 멕시코의 유카탄 반도에 떨어진 소행성의 충돌에 의한 것이라고 추정하고 있다. 6600만 년 동안의 침식작용으로 크레이터가 많이 훼손되었지만 중력 측정과 같은 물리적 방법을 사용하면 크레이터의 전체적인 모습을 알아낼 수 있다. 이 소행성의 충돌 시기는 최후의 공룡 화석이 살았던 시기와 잘 일치한다. 멸종의 원인을 다중 충돌 가능성과 같은 다른 곳에서 찾는 이론들이 아직 제시되고 있지만 이러한 시기의 일치로 인해 대형 소행성의 충돌설이 설득력을 가지고 있다. 최근 연구에 의하면 공룡이 줄어들기 시작한 것은 이 소행성이 충돌하기 5000만 년 전부터였다.

공룡과 그들의 친구들에게 무슨 일이 있었던지 간에 이 멸종사건은 2억 5200만 년 전에 있었던 페름기-트라이아스기 멸종 사건에 비하면 작은 사건에 불과하다. 페름기-트라이아스기 멸종 사건은 특히 해양 생명체들에게 혹독했다. 해양 생명체의 96%가 사라졌고, 육상에서는 70%의 척추동물이 멸종되었다. 아직 원인을 알 수 없지만 이것은 지구 역사상 가장 큰 재앙이었다.

아주 오래 전에 있었던 사건이기 때문에 사건의 증거들은 이미 대부분 사라졌다. 소행성의 충돌 가능성도 배제할 수 없지만 거대한 화산 분출이 원인일 가능성도 있다. 화산 분출로 인해 폭주하는 온실효과가 일어나 대기 중 산소의 함유량이 떨어지면서 심각한 환경 변화를 초래했을 가능성이 있다.

대량 멸종 사건은 이 밖에도 여러 번 있었다. 4억 5000만 년 전에 있었던 원인 불명의 대규모 멸종 사건은 생명체의 70%를 멸종시켰다.

공룡은 약 2억 년에 있었던 트라이아스기에서 쥐라기로 바꿔 놓은 대량 멸종 사건의 혜택을 받았다. 이 멸종 사건으로 공룡의 경쟁자들이 사라졌기 때문이다.

대량 멸종 사건에 대한 명확한 정의는 없지만 과학자들은 지구 역사에 다섯 번의 대량 멸종 사건과 여러 번의 작은 멸종 사건이 있었다고 주장하고 있다. 대부분의 공룡을 멸종시킨 사건은 최근에 있었던 대량 멸종 사건이지만 지구 역사상 가장 큰 멸종 사건은 아니었다.

일부 과학자들은 우리는 현재 여섯 번째 대량 멸종 사건을 경험하고 있다고 주장하고 있다. 이들은 현재 진행되고 있는 멸종 사건을 홀로세 멸종사건이라고 부른다. 일부 측정 결과에 의하면 1900년

이전보다 1000배나 빠른 속도로 생명체 종들이 사라지고 있다고 한다. 대부분이 인간의 활동 때문이다. 식물, 산호, 곤충을 포함하여 매년 사라지는 종들의 수가 14만 종에 이른다는 조사 결과도 있다. 이것은 매일 약 400종이 사라진다는 것을 의미한다.

사라지는 생명체들의 이름을 알 수나 있을까? 많은 과학자들은 오염, 서식지 상실 그리고 많은 인간 발명품으로 인해 멸종되는 생명체의 갑작스런 증가는 인류세라고 부르는 새로운 지질학적 시대를 시작하게 했다고 주장하고 있다.

진화는 수천만 년에 걸쳐 일어나는 느린 과정이다

원숭이처럼 생겼던 우리 조상이 현대인으로 진화하는 데는 오랜 시간이 걸렸다. 인류는 침팬지로부터, 좀 더 정확하게 말하면 현재 우리가 알고 있는 침팬지로 진화하는 종으로부터 1300만 년 전에 갈라졌다. 마찬가지로 농가에서 키우는 닭들도 깃털을 가지고 있던 공룡 조상으로부터 진화하는 데 오랜 시간이 걸렸다.

진화를 생각하면 우리는 이처럼 큰 동물들의 스케일이 큰 이야기를 생각하기 쉽다. 그러나 대부분의 진화는 작은 스케일로 일어나고 빠르게 진행된다.

자연선택에 의한 진화는 새로운 세대에 나타나는 작은 변화에서부터 시작된다. 호수에 살면서 오염에 의해 서서히 죽어가는 개구리를 떠올려보자. 대부분의 올챙이들은 오염으로 죽겠지만 한두 마리의 올챙이는 이런 환경에서 살아남는 데 도움이 되는 특성을 가지고 태어난다. 돌연변이는 약간 더 많은 산소를 받아들일 수 있는 단백질을 가지게 될 수도 있고, 오염을 조금 더 잘 감지할 수 있는 감각기관을 가지고 있을 수도 있다. 이런 개체들은 살아남아 성체 개구리로 자랄 수 있을 것이다. 그리고 특성은 자손들에게 유전될 수 있다. 시간이 지나면 전체 개구리가 이런 특성을 지니게 될 것이고, 따라서 오염에 더 견딜 수 있게 될 것이다. 이것이 자연선택이다.

언뜻 보기에는 변화를 위해서는 오랜 시간이 필요한 것처럼 보인다. 위의 예의 경우에는 변화를 위해서 몇 세대의 개구리를 거쳐야 한다. 따라서 몇 년이 걸린다. 이것은 단백질에 작은 변화가 나타나는 데 걸리는 시간이다. 이보다 좀 더 커다란 변화가 일어나기 위해서는 수천 세대가 지나야 할 것이다.

이는 커다란 생명체가 진화하기 위해서는 아주 긴 시간을 필요로 한다는 것을 의미한다. 그러나 세균의 경우에는 어떨까? 세균은 개구리보다 훨씬 더 빨리 번식할 수 있다. 세균이 두 개의 세균으로 불어나는 데는 10분 정도가 걸린다. 10분 후면 새로운 세균이 다시 두 개의 세균으로 분리된다. 따라서 한 시간 후에는 64개의 세균이 된다. 하루만 지나면 하나의 세균이 수십 억 개의 세균으로 불어날 수 있다. 이것은 세균이 돌연변이를 일으키거나 새로운 환경에 적응하는 데 오랜 시간이 필요하지 않다는 것을 의미한다.

또는 새로운 약물이 진화를 촉진시킬 수도 있다. 항생제 내성 약물의 증가는 우리 시대의 가장 심각한 문제 중 하나이다. 세균이 최첨단 항생제에 저항하는 방법을 배움에 따라 약물의 효과가 점점 약해지고 있다. 이런 일이 계속되면 손가락을 간단하게 다치는 것만으로도 생명을 잃을 수 있다. 수술이나 아기를 낳는 일도 아주 위험한 일이 될 것이다. 이러한 위험은 빠른 진화로 인한 결과이다.

항생제는 매우 강력한 약물로, 목표로 하는 세균 대부분을 죽일 수 있다. 그러나 모든 세균이 똑같지는 않다. 각 세균의 DNA에는 모두 어느 정도의 돌연변이가 포함되어 있다. 이러한 돌연변이는 복제 과정에서 생긴 것일 수도 있고, 자외선과 같은 외부 원인에 의한 것일 수도 있다.

돌연변이의 대부분은 아무런 일도 만들지 않는다. 그러나 적절한 DNA에 적절한 돌연변이가 복합적으로 일어나 약물의 작용을 방해할 수 있도록 세균의 세포 기능을 바꾸어 놓을 수는 있다. 그렇게 되면 이 세균은 항생제 내성 세균이 된다.

특정한 세균에서 필요한 돌연변이가 복합적으로 일어날 확률은 아주 작다. 그러나 수십억의 수십억 배나 되는 많은 세균이 있다면 이야기가 달라진다. 확률이 아주 작은 일도 결국은 나타나게 된다. 이러한 축복받은 세균은 다른 세균들이 항생제로 인해 죽어가는 동안 살아남을 수 있다. 한 시간 안에 이 세균은 수십억 개의 세균으로 불어날 것이다.

사람들은 이런 세균의 공격에 속수무책일 수밖에 없다. 적절한 격리가 이루어지지 않으면 항생제 내성 세균은 다른 사람에게도 전파되는 전염병을 일으킬 것이다. 이것은 매우 걱정스러운 일이며 실제로 일어날 수 있는 일이다. 이것 역시 빠르게 이루어지는 진화의 한 예이다.[15]

---

15) 이것은 진화의 역할을 강조하기 위해 단순화한 예이다. 세균은 같은 종류의 다른 세균은 물론 다른 종에 속하는 세균들과도 DNA의 일부를 교환할 수 있다. 시간이 지나면 어떤 세균은 포커 게임에서 로열 스트레이트플러시를 가지고 있는 것처럼 여러 가지 항생제에 내성을 지니는 DNA를 가지게 될 수도 있다.

자연은 바퀴를 만들지 않았다

지구의 생명체들은 미끄러지거나, 종종걸음으로 걷거나, 기거나, 성큼성큼 걷는다. 그런가 하면 펄쩍펄쩍 뛰기도 하고, 껑충껑충 뛰기도 하며 날아다니거나 춤을 주기도 한다. 그러나 굴러가는 생명체는 없다. 인간은 바퀴라는 놀라운 수송 수단을 만들어 냈다. 바퀴가 없다면 우리는 우리 몸무게보다 무거운 물체를 옮길 수 없을 것이다. 그런데 자연은 바퀴를 진화시키지 않은 것처럼 보인다. 마차를 타고 달리는 영양이나 들소를 본 사람은 아무도 없을 것이다. 수백만 년 동안의 진화가 뇌나 눈과 같은 복잡한 기능을 가진 기관을 발전시켰으면서 왜 바퀴를 사용하는 방법은 발전시키지 않은 것일까?

하지만 사실 자연에서도 바퀴와 같은 장치가 발견되었다. 이런 장치들은 우리가 자세히 살펴보기 어려운 생명체들에서 발견된다. 실제로 지구상에서 가장 일반적인 이동 수단 중의 하나는 바퀴를 이용하는 것이다. 많은 세균들은, 아마도 반 이상의 세균들은 편모라고 부르는 바퀴 모양의 꼬리를 가지고 있다. 세포막에 붙어 있는 특수한 단백질이 보트의 모터처럼 편모를 회전시켜 세균이 앞으로 나가는 데 필요한 추진력을 얻는다.

세균과 비슷한 생명체인 고세균들도 이와 비슷한 시스템을 진화시켰다. 다른 생명체들도 바퀴처럼 생기지는 않았지만 회전하는 기관을 가지고 있다. 여기에는 일부 조개류와 복족류에서 발견되는 ATP 신타제 효소도 포함된다.

그러나 여전히 의문은 남는다. 왜 커다란 생명체들에서는 바퀴를 찾아볼 수 없을까?

바퀴를 발전시킬 수 없었던 이유 중 하나는 작은 규모의 변화가 쌓여서 이루어지는 진화 자체의 특성 때문일 것이다. 눈동자의 진화 과정을 예로 들어보자.

일부 고대 생명체는 빛에 민감한 몇 개의 세포를 발전시켰다. 이것은 포식자를 피하는 데 약간 도움을 주었을 것이다. 수백만 년이 흐르자 빛을 감지하는 세포의 수가 증가하고 다양한 기능을 가지게 되어 생명체가 눈과 비슷한 기관을 갖게 되었다. 반면에 바퀴는 작동을 하던지 하지 않던지 둘 중 하나를 선택해야 한다. 단순하게 물건을 이동하는 방법보다 약간 편리한 중간 단계의 바퀴를 상상하는 것은 쉽지 않다.[16] 바퀴는 완전한 형태일 때만 기능을 제대로 발휘할 수 있다. 편평하고 단단한 곳에서는 매우 유용하지만 우리가 살아가는 지구 표면은 많은 언덕과 두꺼운 식물 층으로 덮여 있으며 바퀴가 다니기 어려운 모래 언덕으로 이루어져 있다. 우리 팔다리 끝에 바퀴가 달려 있다면 나무나 절벽을 올라가는 데 얼마나 불편할지 생각해보자.

바퀴가 다리보다 편리한 환경은 매우 제한적이어서 대부분의 경우에는 다리가 바퀴보다 훨씬 편리하다. 팔다리 절단 수술을 받은 사람들이 외바퀴 자전거보다 인공 팔다리를 선호하는 것은 이 때문이다.

바퀴를 발전시키지 못한 마지막 이유는 생물학적인 것이다. 뼈와 살로 만든 축과 바퀴를 상상해보자. 살로 만들어진 수레를 상상해보아도 좋다. 마찰이나 감염에 의해 손상되지 않는 그런 장치를 상상하는 것은 쉬운 일이 아니다. 생물학적인 윤활유나 그리스를 동시에 발전시킨다고 해도 여러 가지 관을 연결하는 문제가 남는다. 바퀴처럼 움직이는 부분에는 혈액이 충분히 공급되어야 한다. 돌아가는 바퀴에 얽힐 염려 없이 혈관이나 신경을 연결하는 방법이 있을까? 물론 이것 역시 상상력의 부족 때문일 수 있다. 호기심이 많은 독자라

---

16) 우리는 이러한 원인 분석에 매우 조심해야 한다. 무한한 가능성을 가지고 있는 자연은 종종 인간의 상상력을 크게 앞지른다.

면 곤충에서 이 문제를 해결하는 방법을 찾아낼 수 있을 것이다,

특정한 형태의 동물은 실제로 바퀴를 이용하지는 않지만 바퀴를 흉내 낸 행동을 한다. 예를 들면 쇠똥구리는 둥근 공 모양의 쇠똥 위에 올라타 쇠똥을 굴린다. 고슴도치나 아마딜로 그리고 천산갑과 같은 동물들은 위협을 받으면 몸을 둥글게 만 다음 짧은 거리를 굴러간 후 달아난다. 그렇지만 여전히 커다란 동물에게서는 진정한 의미의 바퀴를 발견할 수 없다. 대신 세대를 거치면서 굴러가는 생명 사이클은 또 다른 의미의 바퀴라고 할 수 있다.

인간은 진화의 정점에 있다

우리의 조상들을 만나보자.

원숭이 같았던 조상에서 창을 가지고 다니는 사냥꾼으로 발전해 가는 과정을 보여주는 이와 같은 그림은 자주 볼 수 있는 것으로, 풍자의 진수를 보여준다. 그런가 하면 원숭이－유인원－원시인을 차례로 그리고 마지막에 키보드나 스마트폰을 사용하고 있는 현대인을 그려 놓아 우리가 '진화의 최종 결과'라는 것을 보여주는 그림도 자주 볼 수 있다.

인간이 진화의 정점에 있다는 생각은 옳지 않다. 그래서 많은 과학책에서 이런 사실을 지적하고 있다. 여러 가지 측면에서 인간은 매우 인상적인 종이다. 달로켓을 제작하는 쇠고동을 볼 수 없고, 문자 메시지를 주고받는 오소리도 존재하지 않는다. 그런데 조금만 생각해보면 인간은 인간의 측면에서 볼 때만 가장 발전된 종이라는 것을 알 수 있다. 쇠고동이 우주 프로그램을 수행하는 데서는 인간보다 못하지만 인간보다 바위에 훨씬 더 잘 붙어 있을 수 있고 물속에서 숨을 더 잘 쉴 수 있다. 물속의 환경에서 쇠고동은 우리보다 훨씬 발전된 생명체이다. 개미핥기와 인간을 개미집에 넣어 보자. 하나는 잘 살아가고 하나는 아우성을 칠 것이다.

어느 것이 더 우수한가 하는 것은 성공의 정의에 따라 달라진다. 개체수가 하나의 척도가 될 수 있다. 모든 생명체의 가장 기본적인 목표는 자손을 만들어내 자신의 DNA를 다음 세대에 남기는 것이다. 이 기준으로 보면 인간은 매우 성적이 저조하다. 지구상에 살아가고 있는 인류의 수는 약 70억 명쯤 된다. 아무도 지구에 살고 있는 개미의 숫자를 세어본 적은 없지만 개미의 수는 몇 조를 쉽게 넘어설 것이다. 아르헨티나 개미의 수만 해도 수십억이 넘는다.

그럼에도 개미는 비교적 적은 수에 해당한다. 세균의 세계에서는

개체수가 우리의 상상을 초월한다. 예상되는 세균의 수는 5,000,00
0,000,000,000,000,000,000,000,000 정도이다. 어떤 특정한 세균
종의 개체수라도 인류의 수보다 수백만 배는 쉽게 넘어설 것이다.
우리의 좌측 콧구멍에만 해도 지금까지 지구에 살았던 모든 인류의
수보다 더 많은 수의 미생물이 살고 있을 것이다. 따라서 개체수의
측면에서 보면 인류는 무시할 수 있을 정도이다.

성공의 또 다른 기준은 지구에 얼마나 오랫동안 살았느냐 하는 것
일 수 있다. 지구는 우리가 사랑하는 것들만큼 위험한 것들도 많이
가지고 있다. 이런 지구에서 멸종하지도 않고 변하지도 않으면서 오
랫동안 살아남을 수 있는 생명체는 성공적인 생명체라고 할 수 있
다. 하지만 여전히 배심원들은 인류의 편이 아니다.

현대 인류가 지구상을 걸어다닌 것은 이제 겨우 20만 년 정도이
다. 이와는 대조적으로 악어는 5000만 년을 지구에서 살았고, 세
균의 일종으로 바위 모양의 군체를 형성하는 스트로마토라이트는
10억 년 이상을 거의 변하지 않고 살아남았다. 이들에 비하면 인류
는 아직 아기 수준이다.

한 생명체의 나이가 인류의 역사보다 오래된 것도 있다. 2009년
에 미생물학자 라울 캐노는 2500만 년에서 4500만 년이나 된 이스
트로 맥주를 빚어 뉴스의 헤드라인을 장식했다. 이 미생물은 고대
의 호박에서 채취했다. 이것은 쥐라기 공원에서 공룡의 유전자를 채
취하여 공룡을 재현하는 것과 비슷했다. 이 이스트는 오랫동안 동면

상태로 빙하기를 살아남았고, 대륙의 이동과 인류 문명의 영향을 이겨내고 살아남았다. 캐노의 맥주 양조장에서 재생된 이 이스트는 당을 알코올로 전환하여 우리가 마시고 취할 수 있는 맥주를 만들었다. 이 맥주는 약간의 나무 향이 감도는 맛이 났다.

이제 인간이 진화의 최정상이라는 생각은 주관적인 생각임을 알게 되었을 것이다. 인류는 가장 정밀한 뇌를 가지고 있고 주위 환경을 가장 잘 조절하는 종이지만 다른 측면에서 보면 쇠고동이나 미생물 또는 이스트보다도 하등생물일 수 있다.

인류의 라틴어 이름은
호모 사피엔스이다

정원사들은 자신들이 돌보는 식물들의 아름다운 라틴 이름을 알고 있다. 예를 들면 분홍색 꽃이 피는 헤더라는 식물은 칼루나 불가리스라는 라틴어 이름을 가지고 있고, 호랑가시나무의 라틴어 이름은 일렉스 아퀴폴리움이다. 이렇게 이름을 붙이는 방법을 이명법이라고 한다.

이명법에서는 모든 식물에 붙이는 두 가지 이름 중 하나는 그 식물이 속한 속의 명칭을 나타내고 하나는 종의 명칭을 나타낸다. 예를 들어 참나무의 한 종류를 이르는 라틴어 이름인 퀘쿠스 로부르에서 퀘쿠스는 이 나무가 속한 속의 이름이고 로부르는 종의 이름이다. 터키 참나무의 라틴 이름은 퀘쿠스 세리스이고, 사철가시나무의 라틴 이름은 퀘쿠스 일렉스이다. 도토리가 달리는 600여 가지

참나무들도 이와 비슷한 라틴어 이름을 가지고 있다.

이러한 이명법은 1735년에 칼 린나이우스(칼 폰 린네^{Linné Carl von})가 처음으로 발전시켰다.[17] 그는 이 명명법을 식물뿐만 아니라 동물과 광물에도 적용했다. 그러고는 자신의 통찰력을 바탕으로 '동물, 식물, 광물'의 이름을 지었다. 그가 인류에게 붙인 호모 사피엔스라는 이름은 오늘날까지도 사용되고 있다. 호모 사피엔스는 지혜로운 사람 또는 슬기로운 사람 등으로 해석될 수 있다.

그러나 여기에도 자주 범하는 오류가 있다. 호모 사피엔스는 인류의 라틴어 이름이 아니다. 호모 사피엔스는 인류에 속하는 여러 종들 중 하나인 현생인류의 라틴어 이름이다. 우리는 다른 종의 인류를 만난 적이 없으므로 우리와 인류를 같은 의미로 생각한다. 그러나 현생인류인 우리가 지구상에 나타나기 수백만 년 전부터 지구에는 여러 종의 인류가 살고 있었다.

혼란스러운가? 조금 더 자세히 설명해보자. 우리는 모두 우리의 먼 조상인 '유원인'의 그림을 본 적이 있을 것이다. 그들은 우리와

---

17) 린나이우스의 분류체계에서는 속과 종의 구분에 그치지 않는다. 그는 더 큰 분류체계 안에서 속과 종을 구분했다. 그의 분류체계에서는 속은 과에 속하고, 과는 목에 속하며 목은 문에 속한다. 문은 세 가지 계 중 하나에 속한다. 이러한 분류체계는 현대에 와서 크게 수정되어 여러 그룹이 새롭게 포함되었다. 동물, 식물, 광물로 구분했던 계도 새롭게 정의되어 새로운 계가 추가되거나 범위가 새로 조정되었다. 생명체가 아닌 광물은 이제 더 이상 이 분류체계에 속하지 않게 되었다.

비슷하게 생겼다. 털이 많고, 구부정한 자세를 취하고 있으며, 원숭이와 비슷한 두개골을 가지고 있던 이들은 스마트폰 대신 창을 들고 있었지만 여러 가지 측면에서 인류라고 할 수 있다.

실제로 유원인들의 대부분은 인류에 속한다. 인류라는 말은 현생인류뿐만 아니라 호모 속에 속하는 직립 보행을 하던 초기 인류까지도 가리키는 말이다. 호모 하빌리스, 호모 네안데르탈렌시스, 호모 에렉투스와 같이 현재는 사라진 인류의 조상들도 인류의 종으로 분류하고 있다. 그것은 마치 퀘쿠스 로부르, 퀘쿠스 세리스, 퀘쿠스 일렉스를 모두 참나무의 일종으로 보는 것과 마찬가지이다.

현대인들과 똑같이 생긴 호모 사피엔스는 20만 년 전쯤에 지구상에 나타났다. 예술과 종교 행위를 포함하는 문명의 흔적은 약 5만 년 전부터 발견된다. 문명을 시작한 호모 사피엔스는 다른 인류와 구별하여 '현생인류' 또는 호모 사피엔스사피엔스라고 부르기도 한다. 그러나 인류의 기원은 이보다 훨씬 더 먼 과거까지 거슬러 올라간다. 호모 속에 속하는 가장 오래된 인류인 호모 하빌리스는 약 300만 년 전에 지구상에 나타나 현생인류가 지구상에 살아온 기간보다 훨씬 긴 백만 년 이상을 살았다. 얼마나 오랫동안 지구상에 살았느냐를 기준으로 한다면 현생인류는 인류의 역사에서 작은 부분을 차지할 뿐이다.

오늘날에는 한 종의 인류만 존재하고 그것이 바로 우리이다.

네안데르탈인이나 1m 크기의 왜소한 인종이 공존했던 지구를 생각해보자. 몇 만 년 전으로만 거슬러 올라가도 다른 종의 인류를 만날 수 있다. 네안데르탈인은 4만 년 전까지 지구상에 살았던 것으로 보인다. 그들은 우리 호모 사피엔스의 조상들과 다투고, 싸우고, 같이 잠을 잤다(다음 장 참조). 인도네시아에서 발견된 호모 플로레시엔시스는 1만 2000년 전까지도 살았던 것으로 보인다. 그러나 새로 발견된 증거들에 의하면 5만 년 전에 사라진 것으로 보이기도 한다. 호모 사피엔스만을 인류라고 보는 것은 심각한 인종차별이다. 다만 여기에 이의를 제기할 다른 인종이 없을 뿐이다.

따라서 이제 호모 사피엔스가 무엇을 뜻하고 무엇을 뜻하지 않는지가 명확해졌을 것이다. 그리고 스펠링이 틀리지 않도록 조심해야 할 것이다. 많은 사람들은 '사피엔스'를 복수라고 생각하여 인류에 속한 개개의 종을 호모 사피엔이라고 부르는 사람들도 있다. 그것은 사실과 다르다. 앞에서 설명했던 것처럼 사피엔스는 '지혜롭다'는 의미를 가진 단어로 형용사이다. 사피엔스에서 스를 빼서 사피엔이라고 해서는 안 된다. 사피엔이라는 단어는 없다. 따라서 현대인만을 칭할 때도 호모 사피엔스라고 불러야 한다. 예를 들어 '라시는 개의 속에 속하지만 라시의 주인은 호모 사피엔스이다'와 같이 말해야 한다. 그리고 전통에 따라 속명과 종명은 항상 이탤릭체로 쓴다는 것도 알아두는 것이 좋다.

속명은 대문자로 시작하지만 종명은 소문자로 시작한다. 그리고 속명은 약자를 이용하여 나타낼 수도 있지만 이런 규칙은 종종 무시되기도 한다.

마지막으로 린나이우스에 대해 조금 더 이야기해보자. 스웨덴의 식물학자였던 린나이우스는 인류의 이름을 지었을 뿐만 아니라 현생인류의 표준이 되었다. 과학자들은 모든 종의 '기준 표본'을 정하기를 좋아한다. 특정한 종을 대표하는 기준으로 사용할 수 있는 표본이 기준 표본이다. 린나이우스는 현생인류의 기준 표본이다. 그러나 다른 종들의 기준 표본들처럼 박물관이나 서고에 보관되어 있는 것이 아니라 린나이우스는 웁살라 교회의 묘지에 묻혀 있다.

현생인류는
네안데르탈인의 후손이다

지구상에 나타났던 모든 인류 중에서 네안데르탈인은 우리의 상상력을 가장 많이 자극한다. 털이 많고, 짙은 눈썹을 가지고 있었으며 큰 코를 가지고 있던 독특한 외모 때문이기도 하지만 '네안데르탈'이라는 말이 느리고 불평이 많은 사람을 가리킬 때 사용되어왔기 때문일 것이다. 그러나 앞 장에서 살펴보았던 것처럼 네안데르탈인은 한때 지구상에 살았던 인류 중 하나이다.

구부정하게 걷는 유인원으로부터 똑바로 서서 달리는 사냥꾼까지를 차례로 그려 놓은 그림들에 의해 잘못 알게 된 상식 중 하나는 현생인류가 네안데르탈인의 직계 후손이라는 것이다. 그것은 마치 현대 코끼리가 털북숭이 매머드의 후손이라고 하는 것과 같다. 이는 모두 사실이 아니다.

네안데르탈인은 40만 년 전에서 70만 전 사이에 아프리카에서 현생인류와 같은 조상으로부터 진화해 한동안 현생인류와 함께 살았다.

그러나 이것이 전부가 아니다. 최근에 과학자들은 현생인류의 유전자가 순수하지 않다는 것을 알아냈다. 사람에 따라 다르기는 하지만 아프리카에 기원을 두지 않은 DNA의 2~4%는 네안데르탈인의 DNA와 일치한다는 것을 발견한 것이다. 이것은 현생인류와 네안데르탈인 사이에 성적 교류가 있었다는 것을 의미한다. 네안데르탈인은 4만 전에 지구상에서 사라졌지만 네안데르탈인의 흔적은 우리 안에 남아 있는 것이다.

이 발견 이후 과학자들은 네안데르탈인에게서 유래한 것으로 보이는 DNA를 많이 찾아냈다. 아직 초보적인 연구 단계지만 창백한 피부, 주근깨, 우울증이나 타이프 2 당뇨병에 취약한 유전자들은 네안데르탈인과 관계있는 유전자로 보인다. 한 추정에 의하면 네안데르탈인의 유전자 중 40%가 아직 여러 가지 형태로 현대인들의 유전자 안에 남아 있다.

그렇다면 현생인류가 네안데르탈인의 직계 후손이라고 하는 것도 틀린 이야기가 아니지 않을까?

물론 네안데르탈인으로부터 많은 것을 물려받은 것은 사실이지만 우리를 네안데르탈인의 직계 후손이라고 할 수는 없다.

그런가 하면 네안데르탈인이 지능이 낮았던 인류라는 생각도 정확하지 않다. 네안데르탈인은 요리와 질병 치료에 대한 기본적인 지식을 가지고 있었다. 그들은 석순으로 조각한 반지를 만들 수 있었다. 이는 그들도 상징적인 활동을 할 수 있었고, 예술적 사고 능력을 가지고 있었다는 것을 의미한다.

성적으로 문란했던 우리의 조상들은 네안데르탈인과의 성적 교류를 금지하지 않았다. 덜 알려져 있는 또 다른 종의 인류였던 데니소바인들도 우리 조상들과 성적 접촉을 가졌다. 그들 역시 우리, 특히 동남아시아인들의 유전자 안에 그들의 흔적을 남겨 놓았다.

데니소바인들은 네안데르탈인과도 성적 접촉을 가졌다. 이런 사실은 작가들에게 영감을 주어 세 인류 사이의 사랑을 그린 오페라를 만들도록 할 수도 있을 것이다. 실제로 그것은 좋은 아이디어가 아닐까?

과학적으로 잘못된 이름과 인용들

과학에서는 명명과 정의에 대한 논란이 자주 일어난다. 다음은 그다지 전문적이지 않은 몇 가지 예이다.

알루미늄^{aluminium}과 알루미늄^{aluminum} 규칙은 매우 간단하다. 북아메리카에 사는 사람들을 제외한 모든 사람들이 알루미늄이라고 부른다. 그러나 북아메리카에서는 두 번째 i자를 빼고 알루미늄이라고 부를 것을 고집한다.

미국인들이 사용하는 스펠링은 영국에 기원을 두고 있다.

영국의 화학자였던 험프리 데이비는 알루미늄을 분리해내는 데는 성공하지 못했지만 이 금속에 두 개의 이름을 붙여, 처음에는 알루미나라고 불렀고 후에 알루미늄이라고 했다. 다른 사람들은 포타슘(칼륨), 칼슘, 마그네슘의 경우와 같이 이 금속도 알루미늄이라고 부르는 것을 선호했다. 그러나 미국에서는 데이비가 명명한 이름을 사용했고, 1828년에는 웹스터 사전에도 등재되었다.

알루미늄이라는 이름은 알루미늄 사업가였던 찰스 마틴 홀에 의해 강화되었다. 발명가이며 사업가이기도 했던 홀은 미국에서 처음으로 대규모 알루미늄 생산 공장을 설립했다. 그는 알루미늄 관련 특허에서는 알루미늄이라는 단어를 사용했지만 그가 생산한 모든 제품에는 알루미늄이라는 이름을 붙였다. 이로 인해 이 지역에서는 알루미늄이 표준 스펠링으로 자리 잡게 되었다.

오늘날에는 일상 언어에서나 과학적 정보 교류에서 두 가지 스펠링이 모두 사용되고 있다. 과학적 명칭을 총괄하고 있는 순수 및 응용 화학 연맹(IUPAC)은 알루미늄을 국제적인 스펠링으로 인정하고 있지만 알루미늄의 사용도 허용하고 있다.

알루미늄은 아직도 널리 사용되고 있다. 과학 문헌의 검색 엔진인 구글 스콜라에는 알루미늄보다 알루미늄이 두 배 더 많이 인용되어 있다. 어쩌면 두 이름을 모두 취소하고 데이비가 처음 제안했던 알루미나로 돌아가는 것이 더 좋을는지도 모르겠다.

소행성   천왕성을 발견한 윌리엄 허셜이 처음 사용하기 시작한 소행성^{asteroid}이라는 이름은 '별 같은 천체'라는 뜻이다. 그러나 소행성은 전혀 별과 같지 않다. 소행성들은 차갑고, 불규칙한 모양을 한 암석 덩어리로 화성과 목성 사이에 있는 특정한 공간에서 태양 주위를 돌고 있다. 허셜이 사용했던 초기의 망원경으로는 소행성을 자세하게 관측할 수 없었기 때문에 그는 단지 소행성에서 오는 희미한 빛만을 감지하고 이들을 멀리 있는 별이라고 생각했었다.

달의 어두운 면   지구에서 보면 달이 자전하지 않는 것처럼 보이지만 달도 자전하고 있다. 달의 자전주기는 공전주기와 같기 때문에 달은 항상 같은 면만을 지구 쪽으로 향하고 있다. 이것이 잘 이해가 안 된다면 손가락으로 실험해보기 바란다.

좌측 손의 검지로 자신을 가리키도록 해보자. 이제 우측 손의 검지를 좌측 손을 가리키도록 하고 좌측 손 주위로 천천히 회전시켜보자. 우측 손을 회전시킴에 따라 우측 손 검지가 가리키는 방향이 바뀌는 것을 볼 수 있을 것이다. 우측 손의 손가락이 항상 좌측 손가락을 향하게 하기 위해서는 우측 손도 회전시켜야 한다. 그러나 인간의 해부학적 구조로 인해 이것은 가능하지 않다.

우리는 항상 달의 한쪽만 보고 있기 때문에 지구에서는 절대로 볼 수 없는 또 다른 면이 있다는 것을 알고 있다. 이 면을 전통적으로 '어두운 면'이라고 부른다. 핑크 플로이드의 유명한 앨범에 의해 이 말은 더욱 널리 알려졌다. 어둡다는 것이 '신비'하거나 '숨겨져' 있는 것을 의미한다면 모르지만 빛이 비추지 않는 것을 의미한다면 어두운 면이라는 말은 완전히 잘못된 표현이다. 달의 반대쪽 면도 우리가 볼 수 있는 면과 같은 양의 태양 빛을 받기 때문이다.

1958년에 달 탐사선이 뒤쪽으로 가서 보기 전까지는 아무도 '어두운 면'이 어떻게 생겼는지 알지 못했다.

공룡　공룡을 나타내는 영어 단어 다이노소어는 '무서운 도마뱀'이라는 의미를 가지고 있다. 그러나 공룡은 도마뱀과는 전혀 다른 종류의 파충류이다. 공룡은 도마뱀과 마찬가지로 온혈동물도 아니었고 냉혈동물도 아니었지만 도마뱀보다 체온을 더 잘 조절할 수 있었던 것으로 보인다. 우리가 공룡이라고 생각하고 있는 프테로사우루스, 플라이지오사우르스 그리고 드멘트로돈과 같은 많은 동물들이 실제로는 공룡이 아니다. 그러나 오늘날의 새는 공룡의 한 종류로 보고 있다. 따라서 공룡은 완전히 멸종된 것이 아니다.

기니피그 기니피그는 이름과는 달리 돼지도 아니고 기니아가 원산지도 아니다.

핼리 혜성 태양계에서 가장 유명한 이 혜성의 이름은 에드먼드 핼리의 이름에서 유래했다. 영국 왕실 천문학자였던 에드먼드 핼리는 이 혜성을 발견한 사람으로 널리 알려져 있다. 그러나 핼리 혜성은 맨눈으로 쉽게 관측할 수 있는 밝은 혜성이고 고대에도 나타났던 혜성이었다는 것을 생각하면 핼리가 이 혜성을 발견했다는 것은 사실일 수 없다. 1705년에 이 혜성을 연구했던 핼리는 이전의 관측 기록을 조사하여 이 혜성의 주기가 75년에서 76년 사이라는 것을 처음으로 알아냈다.

유성Meteor/**운석**meteorite/**운석**meteoroid 이것은 우주 공간에 떠돌다 지구로 진입하는 암석이나 금속으로 이루어진 물체를 단계에 따라 부르는 이름이다. 우주 공간을 떠돌아다닐 때는 운석meteoroid이라고 부르지만 지구 대기로 진입하면 유성meteor이라고 부른다. 별똥별이라고도 불리는 유성은 긴 꼬리를 가지고 밝게 빛나다 곧 사라진다. 대부분의 물질은 지구 대기를 통과하는 동안 불에 타서 없어지지만 일부는 지상에 도달하는데, 지상에 도달한 것이 운석meteorite이다.[18]

---

18) 역자 주-우리말에서는 meteoroid와 meteorite를 모두 운석이라고 부른다.

왕립협회　영국은 역사적으로 그 단체가 하는 일이 무엇인지를 파악하는 데 전혀 도움이 되지 않는 이름을 가진 단체를 여럿 가지고 있다. 특히 과학 분야에서 그렇다. 왕립협회를 예로 들어보자.

17세기 중엽에 프랜시스 베이컨의 사상을 따르는 사람들이 만든 왕립협회는 세계에서 가장 인정받는 단체로. 런던에 있는 본부는 런던 백화점을 굽어보고 있다. 그러나 이 이름만으로는 무슨 일을 하는 단체인지 알 수 없다.

왕립협회로부터 800m쯤 떨어진 메이페어에 또 다른 과학 단체가 없었더라면 이름으로 인한 혼란은 그나마 덜했을 것이다. 19세기 초에 설립된 왕립연구소는 비교적 젊은 연구소이다. 이 연구소의 경우에도 이름만으로는 이곳이 무엇을 하는 곳인지 짐작하기 어렵다.[19]

두 단체 모두 일반인들을 위한 공개강연을 개최하고 많은 과학 시범을 보인 것으로 유명하다. 또한 두 단체는 서로 직원과 방문객을 교류해왔다. 세 번째 단체인 영국과학발전협회 역시 한때 모호한 이름을 가지고 있었다. 대부분의 사람들에게 이 단체는 영국협회라고 알려져 있어 마치 과학 발전을 위한 역할을 숨기려는 것처럼 보였다. 그러나 2009년에 영국 과학협회가 설립되어 이름과 관련된 오해가 사라졌다.

석기시대　석기시대는 인류가 금속 제련 기술을 습득하기 이전 시대

---

19) 이 단체의 정식 명칭은 대영제국 왕립연구소이다. 그러나 이 이름도 이 연구소가 무엇을 하는지에 대해 아무 이야기도 해주지 않는다. 그리고 아무도 이 정식 명칭을 사용하지 않는다.

를 가리키는 말로 사용되고 있지만 이것은 과학적으로 적절한 용어라고 볼 수 없다. 이 시대는 목기시대라고 부르는 것이 더 적절할 것이다. 고대인들은 돌보다는 나무로 훨씬 많은 도구를 만들어 사용했다. 우리가 목기보다 더 많은 석기를 발견한 것은 돌로 만든 도구는 오래 보존되지만 나무로 만든 도구는 쉽게 썩어버리기 때문이다.

황 Sulfur/Sulphur 황의 이름에 대한 논란은 황보다도 더 뜨겁게 달아올랐다. 이는 불과 밀접한 관련이 있는 이 원소에 어울리는 일이었다. 원자번호가 16인 이 원소의 미국식 명칭에는 'f'가, 영국식 명칭에는 'ph'가 포함되어 있었다. 20세기에는 두 가지가 모두 사용되었지만 1990년 IUPAC가 'sulfur'을 국제적인 공인 명칭으로 정했다. 왕립 화학협회도 1992년에 이 명칭을 사용하기로 했다. 물론 이에 대한 반대도 만만치 않았다. 오늘날까지도 영국 출판물에 'sulfur'라는 단어가 사용되면 반대 목소리가 나온다. sulphur을 고집하는 것에는 전통 이외에 다른 이유를 찾기 어렵다. 그리스어에서 유래한 단어에는 'phi'의 경우와 마찬가지로 'ph'가 자주 사용된다. 그러나 sulphur는 그리스어가 아니라 라틴어에서 유래한 말이다. 어원에서나 권위에서나 sulfur가 sulphur을 이겼지만 많은 사람들은 아직도 sulphur의 사용을 고집하고 있다.

이론 Theory 일상용어에서 이론은 점심이라는 단어보다 더 심각한 의미는 가지고 있지 않다. '나는 아담 샌들러가 우리 시대뿐만 아니라 모든 시대에 가장 위대한 배우라는 이론을 가지고 있다'라고 말할 수 있다. 또는 어떤 사람이 다음 주 화요일에 점심을 같이 할 시간이 있느냐고 물었을 때 '있습니다. 이론적으로는 말입니다'라고 대답할 수 있다. 이런 경우 이론은 가벼운 의미로 사용되었다. 반면에 과학자들에게는 이론이 매우 심각한 의미를 가진다.

아담 샌들러에 대한 우리의 이론과 아인슈타인의 일반상대성이론을 비교해보자. 샌들러에 대한 이론은 주관적이고 증명 가능하지 않다. 그러나 아인슈타인의 일반상대성이론은 오랫동안 많은 과학자들의 연구를 바탕으로 하여 제안되었다. 일반상대성이론은 한 세기가 넘게 중력에 대한 정통이론으로 남아 있다. 수많은 실험이 이 이론의 예측을 확인했다.

그러나 우리는 아직도 이것은 사실이 아니라 이론이라고 부른다. 이것이 과학의 핵심이다. 모든 확립된 이론들도 항상 의문의 여지가 있다. 과학자들은 예외나 일치하지 않는 사례들을 찾아내 대단한 이론의 한 귀퉁이를 무너트릴 수 있다. 이것이 과학이 발전하는 방법이다. 뉴턴의 중력이론은 수백 년 동안 정설로 받아들여졌다. 그리고 아직도 테니스공이 날아가는 속도를 계산하는 것과 같이 우리 일상생활과 관련된 많은 일들을 설명하는 데 사용되고 있다. 다만 아인슈타인 덕분에 우리는 물체 사이에 작용하는 중력을 뉴턴보다 좀 더 정확하게 계산할 수 있게 되었다.

비타민 D 엄격하게 말해서 우리 몸속에서 합성되지 않아 음식물을 통해 섭취해야 하는, 건강을 위해 꼭 필요한 물질이 비타민이다. 이런 면에서 비타민 D는 다른 비타민과 다르다. 우리 몸이 충분한 햇빛을 받기만 하면 우리 몸 안에서 합성되지만 대부분의 사람들은 달걀, 버섯, 생선과 같은 음식물로부터 충분한 양의 비타민 D를 섭취한다.

지구라는 이름의 행성

칼 세이건의 말을 빌리면,

'우리가 사랑하는 모든 사람들,

우리가 알고 있는 모든 사람들,

들은 적이 있는 모든 사람들,

과거에 살았던 모든 사람들이

지구 위에서 그들의 일생을 살아가고 있다.'

그렇다면 우리는 지구에 대해 얼마나 알고 있을까?

마지막 빙하기는
수천 년 전에 끝났다

창문 밖을 내다보라. 얼음 빙판이나 높이 솟아 있는 빙산이 보이는가? 이 책의 출판사가 극 지방에 새로운 시장을 개척하지 않았다면 그 대답은 틀림없이 '아니오'일 것이다. 그러나 2만 년 전이었다면 사정이 달랐을 것이다.

마지막 빙하기에는 북유럽 전체가 얼음으로 뒤덮였었고, 북아메리카에서는 맨해튼까지 빙하가 진출했었다. 알프스와 안데스 그리고 히말라야는 눈 속에 깊이 묻혀 있었다. 지구의 다른 지역도 지금보다 훨씬 온도가 낮고 건조했었다. 많은 물이 극지방의 얼음에 갇혀 있었기 때문에 지구 전체의 평균 해수면의 높이도 현재보다 훨씬 낮았다. 따라서 빙하기 전이나 후에는 바다로 분리되었던 땅들이 이때는 육지로 연결되어 지금과는 다른 세상이었다.

그러나 곧 얼음이 후퇴하기 시작했고, 해수면의 높이도 다시 높아 졌으며 기후도 온화해졌다. 약 1만 2000년 전쯤에 극지방의 얼음이 오늘날과 비슷한 지역으로 후퇴했다. 10만 년 동안이나 계속되었던 긴 빙하기가 끝났다.

그렇다면 정말 빙하기가 끝난 것일까?

그것은 '빙하기'의 정의에 따라 달라진다. 많은 과학자들은 지구 가 아직도 빙하기의 한 가운데 있다고 이야기하고 있다.

털북숭이 매머드를 곰 가죽을 뒤집어 쓴 사냥꾼들이 쫓아다니던 시절보다는 오늘날의 기후가 온화하지만 아직도 남극과 북극의 상 당한 지역이 얼음으로 덮여 있다. 이것은 정상적인 상태가 아니다.

지구의 긴 역사에서 정상적인 상태는 얼음이 현재보다 훨씬 적은 상태였다. 인류의 역사를 기록하기 시작한 후에는 항상 북극과 남 극의 상당 부분이 얼음으로 덮여 있었기 때문에 우리는 자연스럽게 얼음으로 덮여 있는 극지방이 정상적인 상태라고 생각하게 되었지 만 그것은 사실이 아니다. 45억 년이나 되는 지구의 긴 역사에서 네 번 지구가 얼음으로 뒤덮인 시기가 있었다. 이것이 빙하기이다.

1만 2000년 전까지 계속되었던 빙하의 전진은 빙산의 일각이었 다. 얼음이 늘어났다가 줄어드는 일이 25만 년 동안 주기적으로 반 복되었다. 우리는 현재 진행되고 있는 빙하기 중에 잠깐 기후가 온 화해지는 '간빙기'를 지나고 있다. 극지방이 얼음으로 덮여 있는 현 재는 빙하기에 속한다.

얼음이 완전히 사라져 주기적으로 반복되고 있는 빙하기가 언제 완전히 끝날지는 아무도 모른다. 아직도 오랜 시간을 기다려야 할 수도 있다. 가장 인상적인 예는 3억 년 동안 계속되었던 휴론 빙하기이다. 이 빙하기는 인류가 지구상에 살아온 시간보다 1500배나 더 오래 계속되었다.

인간이 만들어낸 지구 온난화가 빙하기의 사이클을 끝내 다시 빙하기로 돌아가는 것을 방지할지도 모른다. 그럴 수도 있고 그렇지 않을 수도 있다.

최근에 실시한 연구 결과에 의하면 인간이 공기 중에 방출한 CO_2의 영향으로 다음 번 빙하기가 5만 년 정도 늦춰질 수 있다. 반면에 지구 온난화로 인해 더 많은 얼음이 녹으면 걸프 해류와 같은 바닷물의 흐름이 달라져 북반구 전체가 얼음으로 뒤덮일 가능성도 있다.

지진은 리히터 규모로 측정한다

리히터 규모[Richter Scale]라는 말은 우리 모두에게 익숙하다. 지진을 분류하는 데 사용하는 이 말은 널리 사용되는 용어여서 심지어는 비스티 보이즈, AC/DC 프랭크 자파의 노래 가사에도 들어 있다. 그런데 흥미로운 것은 이 말이 과학자들 사이에서는 거의 사용되지 않는다는 것이다.

리히터 규모는 1930년대에 지진학자 찰스 리히터와 베노 구텐베르크가 처음 고안했다(따라서 구텐베르크 - 리히터 규모라고 불러야 한다고 주장하는 사람도 있을 것이다. 더구나 구텐베르크는 리히터의 지도자였다). 두 사람은 특정한 목적을 가지고 이 규모를 만들었다.

그들은 캘리포니아의 한 지역에서 일어난 지진들이 방출하는 에너지의 양을 한 종류의 지진계를 이용하여 비교하여 분류하고 싶어 했다. 그들이 제안한 지진 규모는 이러한 조건에서는 잘 작동했지만 다른 지역에서는 잘 맞지 않았고, 진도가 높은 지진의 경우에는 정확하지 않았다.

세계 어디에서나 적용될 수 있는 새로운 지진의 규모는 1970년대에 개발되었다. 현재 모든 지진학자들이 사용하는 표준 지진 규모는 모멘트 규모^{moment magnitude scale}이다. 두 지진 규모가 크게 다르지는 않지만 지진에 대해 이야기하면서 리히터 규모를 언급했다면 잘못 이야기하고 있을 가능성이 크다. 그리고 진도 8의 지진이 일어났다는 소식은 어떤 지진 규모를 사용했던 나쁜 뉴스임에 틀림없다.

리히터 규모와 관련된 다른 두 가지 오해도 널리 퍼져 있다. 리히터 규모는 지구 표면에서 일어난 손상의 정도를 측정하는 것이 아니라 지진이 방출한 에너지를 측정하는 것이다. 지진에 대해 설명할 때는 '중간 정도의 손상에서 심각한 손상'이나 '물건이 선반에서 떨어질 정도의 흔들림'과 같은 부가 설명을 덧붙이는 경우가 많다. 이런 부가 설명은 지진의 세기를 좀 더 실감할 수 있게 도와준다. 두 지진이 모두 지구 표면 가까이에서 일어났다면 진도 6의 지진보다 진도 7의 지진이 훨씬 더 파괴적이다. 여러분은 리히터 규모나 모멘트 규모 모두 로그 스케일이라는 것을 기억해야 한다. 따라서 진도가 1 증가하면 지진계의 숫자는 10배 증가한다(지진계는 지진파의 파장을 측정한다). 이것은 진도 8의 지진이 진도 7의 지진보다 파장이 10배 더 크다는 것을 나타낸다.

북반구에서는
물이 반시계 방향으로 돌면서 빠지고
남반구에서는 시계 방향으로 돌면서 빠진다

싱크대의 마개를 열고 잠깐 기다리면 물이 회전하면서 빠져나가는 것을 볼 수 있을 것이다. 전해오는 이야기에 의하면 오스트레일리아와 같이 남반구에 있는 지역에서는 물이 항상 시계 방향으로 돌면서 빠지고 반대로 북반구에서는 반시계 방향으로 돌면서 빠진다.

이렇게 생각하는 데는 그럴 만한 이유가 있다. 그 이유를 알기 위해 사과 하나를 들고 사과의 두 극 가까이에 클립을 붙여보자.[20] 클립 끝을 오므려 깃발처럼 보이도록 한 후 지구가 도는 방향과 마찬가지로 좌에서 우로 서서히 사과를 돌려보자. 그러면 북반구의 깃발

---

20) 이 실험은 오렌지로도 할 수 있다. 그러나 주스가 눈에 들어갔다고 나를 원망하지 말기 바란다.

은 반시계 방향으로 돌고 남반구의 깃발은 시계 방향으로 도는 것을 볼 수 있을 것이다. 사과를 지구라고 생각하면 지구의 남반구와 북반구에서 물이 반대 방향으로 돈다는 이론을 만들어낼 수 있을 것이다.

이 이론은 옳은 이론이지만 부엌 규모에서는 옳은 이론이 아니다. 물이 회전하는 방향은 지구 자전보다는 싱크대의 모양이나 물이 운동하던 방향과 같은 지엽적인 요소에 더 많은 영향을 받는다. 따라서 남반구와 북반구에서 물이 반대로 도는 것을 실제로 확인하기 위해서는 홈이 하나도 없는 아주 큰 이상적인 싱크대가 있어야 할 것이다.

이 이야기는 코리올리 효과라고 부르는 과학적 사실에 근거를 두고 있다. 지구의 자전이 우리 집 싱크대에서 빠져 나가는 물에 영향을 주지는 않겠지만 바다와 바람에는 큰 영향을 준다. 적도 부근 지역은 극에 가까운 지역보다 자전에 의해 더 빠른 속도로 회전하고 있다는 것을 기억하고 있을 것이다. 이것은 마치 빙글빙글 도는 놀이 기구에서 가장자리에 앉아 있는 어린이는 빠른 속도로 돌고 가운데 앉아 있는 어린이는 천천히 도는 것과 같다(다시 말해 가장자리에 앉아 있는 어린이는 가운데 앉아 있는 어린이보다 같은 시간 동안 더 먼 거리를 달린다). 따라서 적도 부근의 대기는 다른 지역의 대기보다 자전으로부터 더 많은 모멘텀을 받는다. 이로 인해 압력 차이가 발생해 적도 폭풍이 만들어진다.

인공위성에서 찍은 사진을 보면 북반구에서는 적도 폭풍이 반시계 방향으로 회전하고, 남반구에서는 시계 방향으로 회전한다. 이것이 코리올리 효과이다. 코리올리 효과는 해류에도 영향을 준다.

싱크대에서 물이 빠지는 방향에 대한 나의 설명을 믿지 못하겠다면 집에서 간단한 실험을 통해 확인해볼 수 있을 것이다.

집에 있는 싱크대를 깨끗하게 닦은 다음 물을 채우고 마개를 뽑아보자. 물이 어떤 방향으로 돌면서 빠지는가? 여러 싱크대를 이용하여 이 실험을 반복해보자. 지구의 어디에서 실험을 하든 틀림없이 물이 빠지는 방향이 달라지는 것을 확인할 수 있을 것이다. 그리고 적어도 이 실험을 통해 깨끗한 싱크대를 갖게 될 것이다.

에베레스트가
세계에서 가장 높은 산이다

모든 초등학생들은 학교에서 에베레스트 산이 세계에서 가장 높은 산이라고 배운다. 초동학생들이 생각하는 산의 의미에서 보면 이것은 사실일 수 있다. 그러나 이 책에서는 지금까지 다룬 여러 가지 주제와 마찬가지로 이것 역시 산을 어떻게 정의하고 어떻게 측정하느냐에 따라 달라진다.

에베레스트 산의 높이는 8848m이다. 이 높이는 해수면으로부터 산의 가장 높은 지점까지의 높이를 잰 것이다. 이번에는 산의 높이를 해저에서부터 잰다면 어떻게 될까? 그렇게 되면 하와이에 있는 화산인 마우나케아가 가장 높은 산의 자리를 차지할 것이다.

구글 어스를 찾아보면 이 산의 대부분이 바다 아래 잠겨 있는 것을 볼 수 있다. 해저 지반으로부터 이 산의 정상까지의 높이를 측정하면 무려 1만 200m나 된다. 따라서 바다가 사라진다면 이 산이 지구에서 가장 높은 산이 될 것이다.

다른 산들도 가장 높은 산의 자리를 노릴 수 있다. 만약 지구 중심으로부터 산 정상까지의 거리를 잰다면 에쿠아도르에 있는 화산인 침보라조가 에베레스트를 능가할 것이다. 이 산의 높이는 해발 6263m지만 지구의 적도 부분이 부풀어나 있어 지구 중심으로부터 이 산 정상까지의 거리는 에베레스트 산 정상까지의 거리보다 2000m나 멀다. 페루에 있는 후아스카란 산 역시 이 기준으로 보면 에베레스트 산보다 높다.

에베레스트 산보다 높은 산이라고 주장할 마지막 후보는 전에는 매킨리 산이라고 불렀던 데날리 봉이다. 이 산의 해발 높이는 6190m여서 에베레스트보다 훨씬 낮지만 산기슭에서부터 정상까지의 높이는 에베레스트 산보다 높다. 티베트 고원에 위치해 있는 에베레스트 산의 산기슭 높이가 훨씬 높기 때문이다. 결론적으로 말해 에베레스트 산은 해발 고도라는 한 가지 기준으로 비교했을 때만 세계에서 가장 높은 산이다.

모험심이 많은 등산가라면 지구 밖에서도 에베레스트 산보다 높은 산을 발견할 수 있을 것이다. 에베레스트 산은 한때 태양계에서 가장 높은 산이라고 여겨졌던, 높이가 21.9km나 되는 화성의 올림포스 산에 비하면 언덕에 지나지 않는다. 화성에 있는 다른 세 개의 산도 지구에 있는 산들보다 높다.

현재 태양계에서 가장 높은 산이라고 여겨지는 산은 소행성 베스타에 있다. 레아실비아라고 불리는 충돌 크레이터의 중심부에 있는 산으로, 높이가 22km에 달해 화성의 올림포스 산보다 좀 더 높다. 이오, 미마스, 금성과 같은 여러 천체들도 에베레스트나 마우나 케아보다 높은 산을 가지고 있다.

우리는 지금 지리적인 신화를 깨는 일을 하고 있으므로 사하라가 지구상에서 가장 큰 사막이라는 주장에 대해서도 알아보는 것이 좋을 것이다.

사막의 가장 일반적인 정의는 강우량이 적고 식물이 살지 않는 땅이다. 사막이라고 하면 즉각 모래 언덕과 더위를 생각하지만 그렇지 않을 수도 있다. 남극 대륙의 넓은 땅도 사막의 기준에 맞는다. 따라서 남극 대륙도 사막이라고 할 수 있다. 남극 대륙의 면적은 사하라 사막 면적의 약 2배에 가깝다.

무지개는 일곱 가지 색깔이다

우리는 모두 무지개의 일곱 가지 색깔을 외우던 기억을 가지고 있을 것이다. 영국 어린이들은 빨강^{red}, 오렌지^{orange}, 노랑^{yellow}, 초록^{green}, 파랑^{blue}, 인디고^{indigo}, 보라^{violet}의 일곱 가지 색깔을 나타내는 영어 단어의 머리글자를 따서 만든 Richard of York Gave Battle in Vain(요크의 리처드가 싸움에서 졌다)라는 문장을 이용해 일곱 가지 색깔을 외운다. 또는 일곱 가지 머리글자로 이루어진 Roy G. Biv라는 이름을 가진 신비한 인물을 기억하고 있을 것이다. 나는 항상 이 사람이 미국의 대령이 아닐까 하는 생각을 했었다.

이런 기억 방법은 무지개의 일곱 가지 색깔 이름을 기억하는 데 매우 유용하다. 그러나 이것은 뚜렷하게 색깔을 구분할 수 있는 것이 아니라 연속적으로 색깔이 변해가는 무지개의 색깔을 단순하게 나타낸 것이다. 전통적으로 무지개의 색깔을 일곱 가지로 보는 것은 임의적이다. 여덟 가지나 12가지 또는 32가지 색깔로 구분하는 것도 가능하다.

아이작 뉴턴은 빛의 분산 실험을 처음 실시한 사람 중 한 사람이었다. 그는 흰 빛을 여러 가지 색깔의 빛으로 분산할 수 있는 프리즘을 개발했다. 분산된 빛은 훨씬 더 분명하게 색깔을 구분할 수 있는 인공 무지개였다. 뉴턴은 이 방법으로 빛을 빨강, 노랑, 초록, 파랑, 보라의 다섯 가지 색깔의 빛으로 분리할 수 있다고 믿었다. 그는 후에 오렌지와 인디고를 더하여 우리가 아직도 학교에서 배우는 일곱 가지 무지개 색깔을 만들었다.

무지개의 색깔을 일곱 가지로 정한 데는 그럴 만한 이유가 있었다. 뉴턴은 음악의 7음계나 7일로 이루어진 일주일, 맨눈으로 관측할 수 있는 행성의 수(월, 화 수 목, 금, 토, 일)와 조화를 이루기 위해 무지개의 색깔을 일곱 가지로 정했다.

과학자들은 인간의 눈은 100가지 색깔을 구분할 수 있다고 주장한다. 이것이 가능하기 위해서는 하나의 광원에서 나온 흰 빛이 프리즘에 의해 깨끗하게 분산되는 것과 같은 이상적인 조건이 필요하다.

그런데 무지개는 이런 조건을 만족시킬 수 없다. 무지개의 광원은 점이 아니라 원반이라고 할 수 있는 태양이고, 분산을 일으키는 매질도 정교하게 가공된 프리즘이 아니라 수많은 물방울들이다. 햇빛이 물방울로 들어가 반사(전내부 반사)를 일으키거나 특정한 각도로 산란된다. 하나의 빗방울은 아주 좁은 범위의 빛만 우리 눈으로 보낸다. 가까이 있는 다른 물방울들이 우리 눈으로 보내는 빛의 색깔도 비슷하다. 조금 멀리 떨어져 있는 빗방울들은 다른 색깔의 빛을 우리 눈으로 보내기에 적당한 위치에 있다. 이런 방법으로 우리는 하늘에 호를 그리며 나타나는 무지개를 볼 수 있다.

그런데 우리가 같은 무지개를 본다고 해도 우리는 각자 약간 다른 색깔의 무지개를 보고 있다. 두 사람이 바로 옆에 서 있다고 해도 빛이 눈까지 오는 동안에 다른 물방울들에 의해 차단되는 정도가 다르기 때문이다.

무지개에서 얼마나 많은 색깔을 볼 수 있는가 하는 것은 우리의 지각력과 눈의 시력에 따라 달라진다. 우리는 산란되거나 반사된 빛으로부터 수백만 가지 다른 파장의 빛을 받지만 우리 눈과 뇌는 그것을 묶어 몇 가지 색깔로 구분하여 인지한다.

무지개에는 사람의 눈이 감지할 수 없는 숨어 있는 '색깔'들도 있다. 우리 눈에 들어오는 빛은 파동의 형태로 전파된다. 가장 파장이 긴 빛을 우리는 붉은색으로, 가장 파장이 짧은 빛을 인디고나 보라색으로 감지한다. 그러나 빛 중에는 붉은색이나 보라색보다 파장이 길거나 짧은 것도 있다. 하지만 우리 눈은 이런 빛을 감지할 수 없다. 감광기로는 무지개 위쪽에 있는 적외선과 아래쪽에 있는 자외선도 감지할 수 있다.

핑크 빛도 있다. 핑크색을 무지개나 스펙트럼에서 본 적이 있는가? 아마 본 적이 없을 것이다. 핑크 빛에 해당되는 하나의 파장이 존재하지 않기 때문이다. 일부에서는 핑크 빛은 색깔이라고 할 수 없다고 주장하고 있다. 우리가 핑크 빛을 감지할 수 있는 것은 우리 눈이 빛을 감지하는 방법 때문이다.

눈이 붉은 빛과 푸른 빛을 같은 정도로 받아들였을 때 우리 뇌는 핑크 빛이라고 인지한다. 붉은 빛과 푸른 빛의 파장은 서로 반대쪽에 있다. 우리 눈은 세 가지 종류의 원추세포를 가지고 있다. 하나는 붉은 빛만을 감지하고, 하나는 초록 빛만을 감지하며, 다른 하나는 푸른 빛만을 감지한다. 만약 우리가 붉은 빛과 푸른 빛을 받아들이고, 초록 빛은 받아들이지 않으면 두 가지 원초세포만 빛을 감지한다. 그러면 우리 뇌는 이 빛을 핑크 빛이라고 해석한다.

따라서 옷가게 주인이 무지개에 있는 모든 색깔의 옷이 다 준비되어 있다고 이야기하거든 핑크색의 옷도 있느냐고 물어보기 바란다.

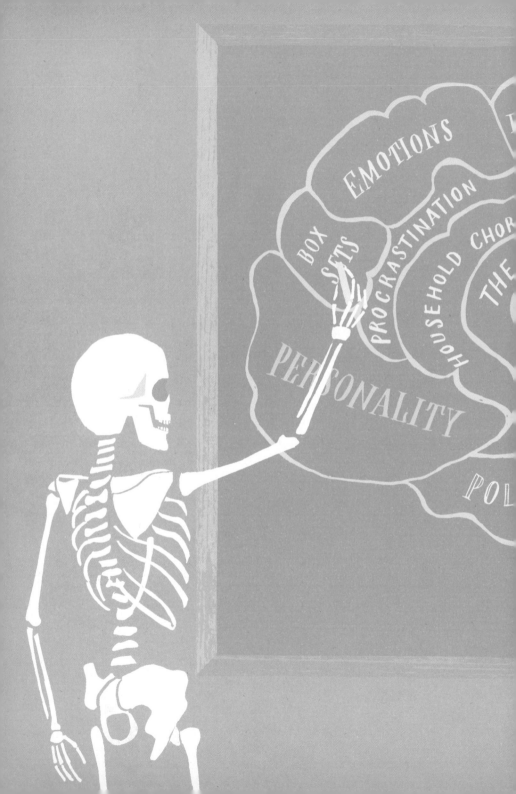

우리 몸을 이루는 물질들

우리는 우리 자신에 대해 얼마나 알고 있을까?
우리 몸의 대부분은 우리 것이 아니다.
그리고 우리 몸의 대부분은 우리가 생각하는 대로 작동하지 않는다.

우리는 인간이다

나는 이 책의 독자들이 자신을 인간이라고 생각하고 있을 것이라고 가정하고 있다. 어떤 면에서, 가장 중요한 의미에서 나의 가정은 옳을 것이다. 그러나 보이는 것과 실제는 다를 수도 있다. 우리 몸을 이루고 있는 세포의 반 정도는 우리의 것이 아니다.

우리 몸을 이루고 있는 세포의 많은 부분은 세균이나 곰팡이와 같은 미생물이다. 우리 몸은 이 작은 침입자들과 서로 도우며 살아가고 있다. 우리 몸 안에는 500내지 1000종의 미생물이 살고 있다. 각각의 종은 수십억 개의 개체를 가지고 있다. 이것은 우리의 위생 상태와는 관계가 없다. 인간 세포와 미생물 세포의 수의 비율은 대략 50:50일 것으로 보고 있다. 물론 이 숫자는 개인에 따라 차이가 있을 것이고, 언제 화장실에 다녀왔느냐에 따라서도 달라질 것이다.

인간 미생물군이라고[21] 알려진 이 미생물들은 해롭지 않을 뿐만 아니라 어떤 경우에는 이롭기도 하다. 예를 들면 장에 살고 있는 여러 종류의 미생물들은 소화를 도와주거나 우리 몸이 만들어내지 못하는 유익한 분자들을 만들어내기도 한다. 따라서 이런 미생물들을 '잊혀진 기관'이라고 부른다. 그러나 이런 미생물들이 어떤 작용을 하는지에 대해서는 연구를 통해 밝혀내야 할 것이 아직 많다.

우리 몸에 살고 있는 미생물의 수에 대해서도 많은 오해가 있다. 인간 몸에 살고 있는 세균의 수가 우리 몸을 구성하는 세포의 수의 10배가 넘는다고 주장하는 사람들도 있다. 이런 놀라운 결론은 최근에 이루어진 정밀한 실험을 통해 사실이 아닌 것으로 밝혀졌다. 과학자들은 현재 세균과 우리 몸을 이루는 세포 수의 비가 1.3:1이라고 보고 있으며 개인에 따른 차이를 인정하고 있다. 적어도 우리의 반은 인간인 셈이다. 그러나 우리 몸을 이루는 세포들은 미생물의 세포보다 훨씬 크다. 따라서 무게로 비교하면 우리 몸을 이루는 세포가 미생물보다 10배나 더 많다. 우리 몸무게의 대부분은 우리 몸을 이루는 세포에 의한 것인 셈이다.

그러나 우리 몸에는 미생물 외에도 또 다른 침입자가 숨어 있다. 태생 포유류인 사람은 첫 아홉 달 이상을 엄마의 뱃속에서 엄마와

---

21) 전에는 마이크로플로라라고 했다. 그러나 '플로라'라는 말은 식물을 나타내는 말이어서 올바른 말이라고 할 수 없었다.

체액을 교류하면서 살아간다. 이 시기 엄마와 교류한 흔적이 태어난 후에도 오랫동안 몸속에 남아 있다. 많은 엄마들은 마이크로키메리즘이라는 과정을 통해 아기의 세포를 받아들인다. 마이크로키메리즘이라는 말은 그리스 신화에 등장하는, 일부는 사자이고 일부는 염소이며 일부는 뱀인 겁많은 짐승의 이름에서 따왔다.

아기의 세포는 엄마 몸속에 그냥 머물기만 하는 것이 아니라 엄마 몸의 구석구석까지 침투하여 빠르게 그곳의 세포에 적응한다. 예를 들면 심장에 도달한 세포는 심장 근육 세포로 바뀐다. 이러한 전환은 침입한 세포가 엄마의 면역체계를 피하는 데 도움이 된다. 이렇게 위장한 세포는 엄마의 세포와 함께 분열하고 기능하면서 그곳에 수십 년 동안 남아 있게 된다. 그러나 이 세포는 엄마의 세포와 다른 유전자를 가지고 있다.

만약 엄마가 다시 아이를 낳거나, 아니면 임신 후기에 유산하는 경우에는 또 다른 배아의 세포를 얻게 된다. 영국의 여왕이었던 앤[1655~1714]은 17번 아기를 낳았지만 오래 산 아이들은 한 명도 없었다. 그러나 잦은 임신으로 인해 그녀는 18명의 다른 사람의 세포를 가지게 되었을 것이다. 왕실의 근친혼이 문제였다.

더 재미있는 것은 자주 있는 일은 아니지만 엄마의 세포가 배아로 전달되기도 한다는 것이다. 이런 경우에는 아기가 엄마가 전에 가졌던 아이들의 세포도 갖게 될 가능성이 있다. 우리 몸속에도 형이나 오빠의 세포가 숨어 있을 수 있다. 어려서 죽은 아기의 세포가 엄마나 형제자매의 몸속에 살아 있을 수 있는 것이다. 이런 세포들이 수십 년 동안 살아 있을 수도 있기 때문에 다음 세대로 전해질 가능성도 있다. 할머니의 세포가 우리 뱃속에 남아 있을 수 있고, 삼촌의 세포가 우리의 비장에 숨어 있을 수도 있다.

마이크로키메리즘에 대한 연구는 아직 초기 단계에 있다. 이러한 세포의 교환이 세포를 받아들인 사람에게 긍정적이거나 부정적인 영향을 미치는지에 대해서는 아직 알려지지 않고 있다. 일부 과학자들은 모든 종류의 세포로 전환될 수 있는 배아세포가 엄마의 손상된 세포를 치료하는 효과가 있을 수 있다고 생각하고 있다. 또 다른 사람들은 이 세포들이 다른 임신을 미루도록 하는 것과 같이 배아에게 이익이 되는 작용을 할 것이라고 생각하고 있다. 어떤 사람들은 자가면역질환과 관련이 있을 것이라고 생각하고 있다. 실제로는 이 세포들이 아무런 영향을 주지 않을 수도 있다. 과학적인 결론은 '이에 대한 더 많은 연구가 필요하다'이다.

따라서 우리 몸은 모두가 인간이지도 않고, 단 한 사람만도 아니다. 햄릿이 '인간이란 무엇인가?'라는 문제로 고민하고 있을 때 과학적 사고를 가진 로젠크랜츠는 다음과 같이 대답할 것이다.

'왕자 전하, 당신은 수백 종의 몸이 합쳐진 존재입니다. 당신의 대부분은 눈에 보이지 않고, 인간도 아닙니다. 그리고 형이나 누나, 아빠, 엄마, 고모나 이모로부터 물려받은 것도 포함되어 있습니다. 이런 가족들의 집합체가 모순 덩어리인 왕자님 자신입니다.'

머리카락과 손톱은
죽은 후에도 자란다

　죽은 후에도 머리카락과 손톱이 계속 자란다는 이야기는 수천 편의 고전적인 B급 공포영화와 최근 드라마 〈워킹 데드〉에 등장하는 이야기로, 많은 사람들이 알고 있는 내용이다. 이것이 사실일까? 이에 대한 엄격한 임상 실험은 윤리적으로 용납되기 어려울 것이다. 따라서 아무도 이것을 체계적으로 실험한 적이 없을 것이고, 그럴 필요를 느끼지도 않았을 것이다. 또한 심장이 정지한 후에 신체의 어느 부분이 계속 자란다는 것은 상식적으로 말도 안 되는 일이다.

　모든 조직이 자라기 위해서는 세포가 분열해서 세포의 수가 증가해야 한다. 그러기 위해서는 글루코스 형태의 에너지가 있어야 하고, 대사 작용에 필요한 산소가 공급되어야 한다. 심장이 뛰지 않으면 피가 순환하지 않아 산소가 조직에 전달되지 못한다. 산소 없이는 세포가 분열할 수 없다. 따라서 머리카락이나 손톱이 자랄 수 없다.

이에 대한 오해는 간단하게 설명할 수 있다. 죽은 후에는 몸에서 수분이 빠져나가 피부가 마른다. 이에 따라 모낭이 메마른 피부에서 앞으로 튀어나온 것처럼 보인다. 이런 효과는 짧게 깎은 머리에서 가장 뚜렷하게 나타난다. 피부가 수축하면서 짧은 머리가 겉으로 더 많이 드러나 죽은 후에 머리가 자란 것처럼 보이게 된다.

이 신화는 분해 속도와도 관련이 있을 수 있다. 머리카락과 손톱은 분해되는데 수백 년이 걸리는 단단한 섬유조직인 케라틴으로 구성되어 있다. 발굴한 시체를 살펴보면 다른 부분은 부패되었지만 머리카락과 손톱의 흔적은 그대로 남아 있다. 이 경우 머리카락과 손톱이 자란 것이 아니라 부패되지 않은 것이다.

예술적이고 창의적인 일을 하는 사람들은
우측 뇌를 주로 사용하고
분석적인 일을 하는 사람들은
좌측 뇌를 주로 사용한다

어린 아이에게 주판을 주면 아이들은 주판을 가지고 두 가지 중 하나를 한다. 어떤 어린이들은 주판알을 세거나 간단한 계산을 할 것이다. 그런가 하면 어떤 어린이들은 굴리고 다니거나 색깔을 주의 깊게 바라보다 다른 친구들의 머리를 내려칠 것이다.

'걱정하지 마세요. 우측 뇌를 훈련시키고 있는 것일 뿐이니까요.'

당황한 부모님이 이렇게 설명할지도 모른다.

우리의 개성을 뇌의 두 부분으로 나누어 설명하는 경험은 누구나 해봤다. 예술적 감각은 우뇌가 지배하고 분석적인 능력은 좌뇌가 지배한다는 것이다. 바위를 바라보면서 비너스 상을 조각할 생각을 하고 있다면 우뇌가 활발하게 작동하고 있고, 같은 대리석을 가지고 지구의 나이를 추정하기 위해 암석의 퇴적층을 분석하고 대리석으로 변성하기 위해 필요한 온도와 압력을 계산하고 있다면 좌측 뇌를 사용하고 있다는 것이다.

그러나 사실은 이처럼 간단하지 않다. 인간의 뇌는 매우 복잡하고, 긴밀하게 서로 연결되어 작동하고 있어서 그렇게 일반적으로 이야기할 수 없다. 반 고흐는 주로 우측 뇌를 사용했고, 뉴턴은 좌측 뇌를 더 많이 사용했다는 주장은 전혀 근거가 없는 이야기이다. 이런 이야기는 대중 심리학 잡지의 주제가 될 수는 있겠지만 아무런 과학적 근거가 없다.

특정한 정신 작용이 뇌의 한 부분에서 주로 이루어지는 것은 사실이다. 예를 들면 언어와 관련된 일들은 좌측 뇌에 의해 통제되는 반면 얼굴을 인식하는 기능은 우측 뇌가 한다. 그럼에도 개성을 뇌의 특정 부분과 연결하는 것은 가능하지 않다. 영상 실험에 의하면 사람은 뇌의 특정한 부분을 다른 부분보다 더 많이 사용하지 않으며, 대부분의 일을 수행할 때 양쪽 뇌를 함께 사용하고 있다.

다시 생각해보면 이것은 너무 당연한 사실이다. 비너스 상을 조각해보자. 조각을 위해서는 팔이나 손의 근육을 정밀하게 통제해야 하고, 가장 적당한 각도를 계산해서 적절한 힘으로 대리석을 내리쳐야 한다. 그런가 하면 완성된 작품의 모습을 그리기 위해 상상력을 발휘해 실제의 조각 작품으로 번역해야 한다. 그리고 무엇보다도 조각을 하게 되는 동기를 가지고 있어야 할 것이고, 역사에서 비너스가 차지하는 중요성을 인식하고 있어야 할 것이다. 조각을 연습하는 데 필요한 경비와 재료를 구하는 데 필요한 경비를 계산해야 하고, 창의력을 발휘하여 조각 작품을 완성해야 할 것이다.

조각을 하는 일은 단순 창조 작업이 아니다. 여기에는 조각가의 여러 가지 가능이 필요하다. 그중 일부는 좌측 뇌의 기능에 속할 것이고, 일부는 우측 뇌에서 관장할 것이다. 따라서 결과적으로는 양쪽 뇌의 상호작용의 결과일 것이다.

뇌는 전체가
뉴런으로 이루어져 있다

우리 몸은 수십 가지의 세포로 이루어져 있다. 산소를 조직으로 날라다주는 백혈구나 집안 먼지 속에 많이 포함되어 있는 피부세포와 같은 세포들은 잘 알려져 있다. 우리의 뇌도 세포로 이루어져 있다. 뉴런이라고 부르는 세포는 뇌 안에서나 신경 계통에서 전기 신호를 전달하는 역할을 한다. 그러나 뉴런은 뇌의 일부일 뿐이다.

대부분의 사람들은 신경교 세포라고 부르는 세포에 큰 관심을 가지고 있지 않다. 그러나 뇌에는 뉴런보다 신경교 세포가 더 많이 포함되어 있다. 이 세포들은 신호를 전달하는 역할을 하지는 않지만 뉴런의 기능을 지원하는 일을 한다. 일부 신경교 세포는 뉴런에게 영양분과 산소를 공급하고, 다른 신경교 세포는 독성물질과 죽은 세포를 제거하는 청소부 역할을 한다. 그리고 또 다른 신경교 세포는 뉴런을 특정한 방향에 위치시키는 것과 같은 구조를 만드는 일을 한다. 그런가 하면 신경교 세포는 뉴런을 둘러싸 절연층을 만들기도 한다. 어떤 신경학자도 아직 정확하게 그 수를 알아내지 못했지만 우리 뇌는 약 850억 개의 신경교 세포를 가지고 있는 것으로 추정하고 있다.

뉴런이나 신경교 세포는 뇌에만 있는 것이 아니다. 이들은 온 몸에 퍼져 있는 모든 신경 계통에서 발견된다. 장에는 특히 많은 신경 세포가 모여 있다. 장신경총이라고 부르는 이 신경계는 척수보다 더 많은 수의 뉴런을 포함하여 있으며, 뇌에 포함된 뉴런 수의 10분의 1 정도를 포함하고 있다. 더 놀라운 것은 이 신경계가 다른 신경계와 독립적으로 작동한다는 것이다. 우리 장이 자신만의 뇌를 가지고 있다고 해도 지나친 말이 아니다. 이 두 번째 뇌는 주로 소화와 관계된 일을 하지만 일부 증거에 의하면 장으로부터 오는 신호가 우리의 기분을 결정하는 데 중요한 역할을 한다.

반대되는 많은 증거에도 불구하고 뇌와 관련된 또 다른 신화를 믿는 사람들이 많다.

'우리는 평생 동안 뇌의 10%밖에 사용하지 않는다'라는 말은 아무런 근거가 없는 데도 많은 사람들이 사실로 받아들이고 있다. 그렇다면 뇌의 90%를 제거해도 정상적으로 작동한다는 것일까?

그런가 하면 우리는 태어날 때 우리가 필요로 하는 모든 뇌세포를 가지고 태어난다고 이야기하기도 한다. 우리가 자라는 동안에 새로운 뇌세포를 만들지 않고 이미 존재하는 뇌세포들 사이에 새로운 연결만을 만든다는 것이다.

대부분의 신경세포가 자궁 안에서 만들어지는 것은 사실이다. 새로운 세포를 만들 수 없는 것은 척수를 심하게 다친 사람이 마비에서 잘 회복되지 못하는 원인이 된다. 그러나 여기에도 예외가 있다. 뇌는 태어난 후 몇 달 동안 계속되는 신경조직발생이라고 부르는 과정에서 뉴런이 계속 만들어진다. 그리고 기억 형성에 핵심적인 역할을 하는 해마는 일생동안 새로운 세포를 만든다. 또 신경교 세포를 잊지 말기 바란다. 뉴런과 달리 일부 신경교 세포는 분열하여 증식할 수 있다.

사이비 과학의

A-Z

진정한 과학과 사이비 과학을 분리하는 것은 어려운 일이다.
상인들은 그들의 제품을 사도록 하기 위해
엄격한 시험을 거쳤다는 것과 같은 기술적인 용어를 사용한다.
초자연적인 현상을 믿고 있는 사람들도
그들의 신뢰도를 높이기 위해 과학 용어를 사용한다.
가장 널리 믿어지고 있는 사이비 과학을
알파벳 글자에 맞추어 정리해 보았다.[22]

침^{Acupuncture}　침은 몸의 특정한 부위에 바늘을 꽂아 통증을 완화
시키거나 다른 질병을 치료하는 방법이다. 과학적 시험에 의하면 침
은 주변을 완화하거나 위약 효과 이외의 치료효과가 없다.[23)]

바이오리듬^{Biorhythms}　우리 몸의 리듬을 분석하여 미래의 신체 상

22) 이런 내용을 알파벳 글자에 맞추어 배열하는 것도 과학적이 아니라고 주장하는 사람
이 있을 것이다. 이렇게 배열하기 위해서는 모든 과학지식을 충분히 섭렵하고 있어야 할
것처럼 보일 것이다. 그러나 사실 이것은 매우 주관적인 선택이었다. 예를 들면 점성술
(astrology)은 여기에 포함되어 있지 않다. 나는 카이로프랙틱이나 크롭 서클 대신에 장세
척을 선택했다.

23) 역자 주-침술이 거의 행해지지 않는 서양에서는 몰라도 침술이 한의학의 중요한 치료법
으로 오랫동안 사용되어온 동양에서는 이런 주장에 동의하지 않는 사람들이 많을 것이다.

태를 예측하는 것이 가능할까? 바이오리듬 이론에서는 23일 주기의 물리적인 사이클, 28일 주기의 지적 사이클, 33일 주기의 감정 사이클의 세 가지 사이클이 있다고 주장한다. 이 사이클은 태어나면서 시작한다. 시간이 지나면서 이 사이클들이 어떻게 교차하는지 살펴보면 개인의 기분, 건강 상태, 질병을 예측할 수 있다고 한다. 그러나 그러한 사이클이 존재한다는 아무런 증거도 없다(여성의 월경주기와 관련된 신체 사이클을 제외하면). 따라서 바이오리듬은 과학적으로 아무런 근거가 없다.

장세척Colonic irrigation　장요법이라고도 알려져 있는 장세척은 몇 m나 되는 관을 이용하여 약제를 우려낸 물을 직장에 주입하여 이루어진다. 이것은 대장에 끼어 있는 숙변을 제거한다는 것이다. 몇 달씩 장의 벽에 달라붙어 있는 숙변은 기생충과 세균의 온상이 되기 때문에 제거하는 것이 좋다고 주장한다. 그러나 그러한 주장은 사실이 아니다. 장세척이 건강에 이롭다는 것은 과학적으로 증명된 사실이 아니다. 다시 말해 이것은 사실이 아니다.

해독 식품 Detoxing　아무리 많은 양의 오이나 아사이 베리 스무디를 먹는다고 해도 해독이 되지 않을 것이다. 해독 음료수를 마셔서 우리 몸에 있는 불순물이나 독성을 씻어낼 수 있다는 생각은 생물학적으로 근거가 없다. 과일과 채소를 많이 포함하고 있는 해독 식품은 건강에 좋은 식품이지만 우리 간이나 신장이 해결할 수 없는 독성 물질을 제거하지는 못한다. 해독 식품은 상술이 과학을 이긴 예라고 할 수 있다.

이어캔들링Ear candling 이름에서 상상할 수 있는 것처럼 이어캔들링은 불을 붙인 촛불을 귀에 붙이는 것이다. 한 제조업자에 의하면 가운데가 움푹 파인 촛불이 '귀가 귓밥을 자연적으로 제거하는 것을 돕는다'고 한다. 귀에다 불을 붙인 촛불을 넣는 것을 자연적이라고 할 수 있다면 말이다. 촛불은 감기, 이명, 두통의 치료에도 효과적이라고 주장한다. 말할 것도 없이 이것은 위약 효과 이외에는 아무런 증명된 효과가 없는 또 하나의 비과학적인 치료법이다.

화성의 얼굴 Face on Mars 1971년에 화성 탐사선 바이킹 1호가 찍은 사진에는 화성 표면에 있는 거대한 얼굴 모습이 찍혔다. 많은 사람들에게 외계 문명의 증거라고 생각하게 했던 이 사진에 대한 환상은 후에 진행된 탐사에서 선명한 사진을 보내오면서 깨졌다. 이것은 태양이 적당한 각도에 비쳤을 때 얼굴 모습으로 보이는 언덕이었다. 우리 뇌는 본능적으로 어떤 형상, 특히 얼굴과 닮은 모습을 찾고 있다. 실제로 존재하지 않는 것을 보는 것을 우리는 환각이라고 한다. 비슷한 정신 작용의 결과가 귀신이나 UFO 목격담을 만들어낸다.

지구 온난화 부정 Global warming denial　지구 온난화의 증거는 얼마든지 있다. 이런 증거들은 독립적인 수많은 연구와 수많은 자료로부터 얻어졌다. 지구 표면의 평균 기온은 올라가고 있고, 그것은 인류 활동의 결과이다. 그러나 아직도 많은 단체들이 지구 온난화나 인류가 지구 온난화를 가져왔다는 사실을 인정하지 않으려고 한다. 이런 사람들 중에 대표적인 사람이라고 할 수 있는 도날드 트럼프는 한때 '지구 온난화는 중국인들이 미국 제조업의 경쟁력을 약화시키기 위해 만들어냈다'고 주장했었다.

과학적 연구 결과는 그렇지 않다. 최근의 여론 조사 결과에 의하면 9000명의 저자 중 한 사람만이 인류가 야기한 지구 온난화를 반대했다. 그것은 지구 온난화에 대한 합의가 얼마나 견고한지를 잘 나타낸다.

동종 요법 Homeopathy　동종 요법은 비슷한 증상을 유발시켜 질병을 치료한다는 것이다. 예를 들면 양파가 눈물과 콧물이 나오게 하므로 양파 추출물을 감기 치료에 사용할 수 있다는 것이다. 이러한 개념만으로도 이상한 치료법인데 이 치료법에서는 추출물을 순수한 물에 가까울 정도로 희석하여 사용한다. 많은 연구 결과 동종요법은 위약 효과 이상의 효과가 없는 것으로 밝혀졌다. 다시 말해 이것은 기본적인 화학법칙에 어긋난다.

지적 설계|Intelligent design 지적 설계라는 말은 여러 가지로 번역되지만 기본적으로 '신이 설계했다'라는 말을 다르게 표현한 것이다. 이런 생각을 추종하는 사람들은, 지구 생명체는 매우 복잡해서 자연선택에 의해서 만들어진 것이 아니라 창조적인 능력을 가진 지적인 존재에 의해 설계되고 조정되었다고 믿는다. 이러한 생각은 시험이 가능하지 않고, 반증이 가능하지 않으며 자연선택 이론보다 설득력이 떨어진다. 지적 설계는 과학 이론이라기보다는 종교적 교의에 가깝다.

그럼에도 불구하고 지적 설계는 미국에서 다윈의 진화론과 대립하는 이론으로 종종 교실에서도 다루어지고 있다. 지적 설계를 반대하는 사람들은 자신들의 풍자적인 창조 이야기를 만들어냈다. 그들은 눈이 보이지 않아 감지할 수 없는 플라잉 스파게티 몬스터가 '술에 취해' 우주를 만들었다고 주장한다. 이것은 말도 안 되는 이야기이며 전통적인 창조론자들의 주장과 마찬가지로 반증이 가능하지 않은 주장이다. 플라잉 스파게티 몬스터 이론을 만들어낸 물리학자 보비 헨더슨은 종교에 대해서는 아무 불만이 없지만 종교적 가르침을 과학적인 것처럼 위장하는 것에는 반대한다고 주장했다.

'나는 우리나라뿐만 아니라 전 세계의 모든 교실에서 과학 시간에 세 가지 이론을 똑같이 가르치는 날이 오기를 고대하고 있다. 3분의 1은 지적 설계를 가르치고, 3분의 1은 플라잉 스파게티 몬스터를 가르치고, 나머지 3분의 1은 많은 관측 증거를 바탕으로 한 논리적인 우주론을 가르쳤으면 좋겠다.'

빵 위의 예수^{Jesus on toast} 예수님은 신비한 방법으로 이동하지만 사람들의 아침식사에 나타나는 것만큼 이상한 습관은 없을 것이다. 예수님의 영상이 음식물에 자주 나타나 버즈피드는 한때 '22명의 사람들이 그들의 음식에서 예수를 보았다'라는 기사를 쓰기도 했다. 바나나, 생선 튀김, 조미료 찌꺼기에 나타난 예수나 성모 마리아를 포함한 카메오를 항상 확인할 수 있는 것은 아니다. 물론 신의 개입을 배제할 수는 없다. 그러나 더 그럴듯한 설명은 그러한 기적이 환각일 가능성이 크다(화성의 얼굴 참조).

케일^{Kale} 섬유를 많이 포함하고 있는 채소인 케일은 비타민과 영양소 그리고 항산화 물질을 많이 포함하고 있어 영양사들이 좋아하는 채소이다. 케일은 슈퍼 푸드의 왕이다. 그러나 단지 이야기 속의 왕국에서만 그렇다. 소위 말하는 슈퍼 푸드는 실제로는 그냥 식품일 뿐이다. 블루베리, 퀴노아, 브로콜리 그리고 이들과 비슷한 식품들은 모두 건강에 좋은 식품들이지만 '슈퍼'라는 접두사를 붙일 만큼 신비한 힘을 가지고 있지는 않다. 과학자들이 고지 베리에서 추출한 특정 성분이 세포의 수명을 연장한다는 것을 확인했다. 그러나 그것을 바탕으로 고지 베리가 인간의 노화과정을 느리게 한다고 주장하는 것은 비과학적 비약이다. 케일을 포함하여 슈퍼 푸드는 값싼 식품보다 더 선호할 때 살 만한 가치가 있다.

거짓말 탐지기^{Lie detectors} 거짓을 말하면 심장 박동이 빨라지거나 얼굴이 붉어지는 것과 같은 몸에 미묘한 변화가 생긴다. 그것은 사실이다. 그러나 질문하는 동안 그러한 변화를 감지하는 것은 어렵다. 따라서 거짓말 탐지기는 생각처럼 많이 사용되지 않고 있다. 가장 좋은 거짓말 탐지기는 없는 것보다는 낫지만 생각처럼 정확하지는 않다(이 분야에 대한 많은 연구 결과가 사실이라고 가정하고). 그리고 거짓말 탐지기를 속이는 것도 가능하다.

달 착륙 음모론^{Moon landing conspiracy} 널리 믿어지는 음모론 중에 하나는 닐과 버즈가 영화 스튜디오보다 더 멀리 여행한 적이 없다는 주장이다. 이런 주장을 믿는 사람들은 여러 가지 의문점을 제시한다. 그림자가 여러 방향에서 만들어졌다거나, 공기가 없는 달에서 미국 성조기가 날리고 있는 것처럼 보인다는 것, 하늘에 별들이 보이지 않는다는 것과 같은 것들이 그들이 제시하는 의문들이다. 이들이 주장하는 의문점들은 모두 해명되었다. 그리고 아폴로의 착륙 지점은 달 궤도에서 사진으로 확인했다(그것 역시 가짜라고 주장할 수도 있겠지만). 또한 수천 명의 NASA 직원들과 NASA 협력사 직원들 그리고 집요하게 모든 과정을 추적했던 매스컴을 속이기보다는 실제로 달에 가는 것이 훨씬 쉬웠을 것이다.

수비학^{Numerology} 수비학은 수학의 한 분야처럼 보이지만 수와 형태를 교묘하게 조작하는 속임수에 불과하다. 최근에 있었던 가장 널리 알려진 예는 유대 성경의 특정한 부분에서 시작하여 다섯 번째마다 오는 글자들을 취하여 비밀스런 메시지를 찾아내는 바이블 코드일 것이다. 이 아이디어와 기법은 쉽게 사실이 아니라는 것을 증명할 수 있다. 약간 다른 사본을 보거나 오자를 찾아내면 메시지가 사라진다는 것을 확인할 수 있다. 그리고 수많은 시작점이 있을 수 있고 건너뛰는 글자의 수도 얼마든지 마음대로 선택할 수 있기 때문에 성경과 같은 긴 문서에서는 얼마든지 의미 있는 많은 조합을 만들어낼 수 있다.

실제로 20세기에 있었던 유명한 암살 사건과 관련된 메시지를 모비딕이나 전쟁과 평화에서 찾아낼 수 있다. 이런 방법이 말장난에 지나지 않는다면 멜빌과 톨스토이도 예언자로 인정해야 할 것이다.

유체 이탈 체험^{Out-of-body experiences} 최근에 이루어진 실험은 유령, 도플갱어, 유체이탈 체험에 새로운 빛을 비추고 있다. 과학자들은 어깨에 부착한 로봇 팔과 정교한 피드백 루프를 사람 몸의 감각과 연결하는 방법을 이용하여 '인공 유령'을 불러내는 데 성공했다. 실험 참가자들은 다른 사람이 방에 같이 있는 느낌을 받았다. 질병이나 피곤도 우리 마음에 같은 작용을 하여 우리 몸의 감각이나 공간의 물리적 위치에 대한 감각을 흔들어 놓을 수 있을 것이다. 스크루지가 제이콥 말리 유령에게 한 말은 모든 문학 작품 중 최악의 결말일 것이다.

'너는 소화되지 않는 쇠고기 조각일지도 모르고, 겨자 얼룩일지도 모르며, 치즈 조각이나 덜 익은 감자 부스러기일는지도 모른다. 너에게는 무덤보다 그레이비소스가 더 어울릴 것이다.'

영구 운동^{Perpetual motion} '리사, 이리와 봐. 우리 집에서는 열역학법칙들을 지킨단다!' 호기심 많은 아이가 영원히 움직이는 기관을 만들자 호머 심슨 부인이 아이를 불러 나무랐다.

리사뿐만 아니라 역사적으로 많은 사람들이 영원히 작동하는 기관을 만들고 싶어 했다. 그러나 그런 기관을 만든 사람은 아무도 없었다. 마찰, 열 손실, 또는 다른 형태의 피할 수 없는 에너지의 손실 등으로 인해 모든 기관은 결국 멈추어 서게 된다. 사람 스케일에서 보면 영원히 움직이고 있는 것처럼 보이는 행성들도 결국 멈추어버리거나 태양 속으로 빨려 들어갈 것이고, 태양 역시 언젠가는 타거나 증발해버리고 말 것이다.

양자 현상^{Quantum nonsense} 다른 곳에서도 언급했던 것처럼 양자 세상은 매우 이상한 세상이다. 입자가 공간에서 갑자기 튀어 나왔다가 사라지기도 하고, 두 가지 반대의 상태가 동시에 존재하기도 한다. 양자역학이 가지고 있는 이런 이상한 성질을 이용하여 어떤 사람들은 실제로 실험해보지도 않고 말도 안 되는 이론을 증명하려고 시도한다.

'텔레파시는 가능하다. 텔레파시는 양자 얽힘 상태를 통해 작동한다.' '우리가 죽으면 영혼은 양자 터널 현상을 이용하여 우리 몸을 빠져 나간다.' '유령은 입자와 파동의 이중성을 나타내는 것이다. … 물질은 파동으로 바뀐다.'

양자라는 말을 사용할 만한 자격이 있는 사람이 사용하기 전까지는 양자라는 말에 주의해야 할 것이다.

원격투시^{Remote viewing} 사람의 마음에 초점을 맞추거나 멀리서 일어나는 일을 목격하는 것이 가능할까? 그것이 가능하다면 첩보 수집에서 천문학이나 범죄에 이르기까지 모든 것이 변할 것이다. 말할 것도 없이 사람들이 그런 초능력을 배우기 위해 엄청난 돈을 쏟아부을 것이다.

《염소를 바라보는 사람^{The Men Who Stare at Goats}》라는 제목의 책이나 이 책을 원전으로 하는 영화는 마음의 힘을 이용하여 사람을 죽이거나 정보를 수집하는 방법을 찾아내는 것을 목적으로 하여 운영되던 미육군의 프로그램에 대한 이야기였다. 불행하게도(어쩌면 다행스런 일이지만) 이런 것이 가능하다는 어떤 확실한 증거도 공개되지 않았다. 아무도 초능력이 작동하는 원리를 제대로 설명하지 못했다. 그것은 그저 희망사항일 뿐이었다.

잠재의식 광고 ^{Subliminal advertising} '더 많은 팝콘을 사세요' '피츠 콜라를 드세요!' 아주 빠르게 메시지가 지나가서 우리가 그것을 인식할 수 없는 광고에 이끌리어 제품을 사게 될까? 이것이 1950년대에 개발된 잠재의식을 이용하는 광고이다.

잠재의식을 이용하여 제품을 파는 것은 좀 비겁한 방법처럼 느껴진다. 실제로 50년 전에 영국에서 이것이 불법화되었다. 그러나 잠재의식을 이용한 광고가 실제로 효과가 있다는 증거는 거의 없다. 과학적 연구에 의하면 잠재의식을 이용한 광고는 인위적으로 만든 통제된 공간에서만 아주 적은 효과가 있을 뿐이다.

전봇대 ^{Telephone masts} 많은 사람들이 전봇대 부근에 사는 것을 싫어한다. 전봇대가 눈에 거슬리는 것은 사실이다. 그러나 일부에서는 전봇대가 경관을 해치는 것보다 좀 더 심각한 문제를 가지고 있다고 주장한다. 전봇대 설치를 반대하는 사람들은 전봇대가 코피에서부터 종양에 이르기까지 나쁜 질병을 일으킬 수 있다고 주장하고 있다. 이러한 주장은 일부 동조 세력을 얻기도 했다.

현재 우리가 살고 있는 곳은 지붕 위를 지나는 전선과 주머니에 넣고 다니는 휴대폰이 내는 전자기파로 둘러싸여 있다. 그렇다면 이런 전자기파들도 우리 몸에 나쁜 영향을 줄 가능성이 있는 것이 아닐까? 그런데 그렇지 않은 것으로 보인다. 이에 대해 많은 연구가 진행되었지만 마이크로파에 많이 노출되는 것과 건강 사이에 관계가 있다는 증거를 찾아내지는 못했다.

상식적으로 보아도 마찬가지이다. 마이크로파는 우리가 늘 쪼이고 있는 가시광선보다 훨씬 에너지가 적은 전자기파이다. 적은 에너지를 가지고 있는 마이크로파를 조금 더 쪼인다고 해서 나쁜 영향을 받을 것 같지는 않다. 만약 휴대폰에서 나오는 전자기파가 암을 발생시킨다면 사람들의 귀나 팔 그리고 다리에 암이 증가했다는 보고가 나왔어야 했을 것이다.

UFOs 어떤 의미에서 UFOs는 분명히 존재한다. UFOs라는 말은 미확인 비행 물체라는 뜻을 가진 영어 단어의 앞 글자를 따서 만든 줄임말이다. 따라서 이상한 새부터 지평선에 떠 있는 알 수 없는 점에 이르기까지 하늘에 떠 있는 정체를 알 수 없는 모든 것이 UFOs가 될 수 있다. 그러나 많은 사람들은 UFOs를 외계인이 타고 온 비행물체라고 생각한다. 물론 이에 대한 확실하고 믿을 만한 증거는 없다.

항상 내가 궁금하게 생각했던 것이 하나 있다. 왜 UFOs를 항상 외계인과 연관시킬까? 우리보다 훨씬 발전된 문명을 가지고 있는 미래에서 온 시간 여행자들일 거라는 생각은 왜 하지 않는 것일까?

백신이 자폐증을 일으킨다^{Vaccines lead to autism} 1998년에 이루어진
연구에서 홍역-볼거리-풍진 백신^{MMR}과 자폐증 사이의 관계가 밝
혀졌다. 이에 놀란 많은 부모들이 이 백신을 거부했고, 그 결과 볼거
리와 홍역이 유행했다. 후에 이 연구 결과는 사실이 아닌 것으로 밝
혀졌고, 뒤를 이어 이루어진 많은 연구에서도 이들 사이의 연관성
을 찾아내지 못했다. 그러나 이 신화는 사라지지 않고 남아 있다. 아
직도 많은 사람들이 백신이 자폐증을 유발한다는 신화를 믿고 있어
백신 접종을 꺼리고 있기 때문에 이 백신 사건이 일어나기 전보다
홍역 발생율이 훨씬 높다.

물 이온화 장치^{Water ionizers} 물을 이온화시키는 장치는 큰 돈벌이가
된다. 아마존 웹사이트에는 수십 가지 물 이온화 장치가 실려 있다.
이 중에는 개당 가격이 2000파운드(약 300만 원)가 넘는 것도 있다.

물 이온화 장치는 전류를 이용하여 물을 수소와 산소로 분해한
다. 물을 분해하면 (+) 전극 가까이 있는 물은 알칼리성을 띠게 된
다. 이 물이 몸에 좋은 것으로 알려져 있다. 알칼리성 물은 우리 몸
의 pH 균형을 유지하고 산소의 수치를 높여 면역체계를 강화하고,
더 많은 에너지를 저장하게 하여 오래 사는 데도 도움이 된다는 것
이다.

그러나 이 모든 이야기는 부질없는 이야기에 지나지 않는다. 그
런 장치는 기본적인 필터 이상의 역할을 하지 못한다. 이런 물을 마

시는 것이 수돗물을 마시는 것보다 건강에 좋다는 증거는 어디에도 없다. 제조업자들이 광고에 사용하는 '면역체계를 강화하고', 'pH 균형을 유지한다'와 같은 많은 말들은 무비판적인 사람들에게는 그럴듯하게 들리겠지만 아무런 의미 없는 이야기이다.

X−선이 암을 유발한다 X causes cancer   왕실 가족의 일화나 팝 스타의 새로운 비키니를 다루지 않을 때면 타블로이드판 신문들은 주로 암에 대한 기사를 다룬다. 거의 매일 일부 인기 있는 제품이나 생활습관이 질병을 유발할 수 있다거나 아니면 질병을 예방할 수 있다는 이야기를 듣는다. 암을 발생시키거나 암의 발생을 억제하는 물질에 대한 이야깃거리가 떨어지면 그들은 새로운 연구가 10년 안에 암을 치료할 수 있게 될 것이라는 이야기를 다룬다.

이런 이야기들은 일부 과학적 근거를 가지고 있다. 연구팀이 유제품에서 발견되는 단백질이 실험에 사용된 쥐의 종양 발생률을 높일 수 있다는 증거를 찾아냈을 수 있다. 그러나 신문에는 '치즈가 암을 발생시킨다!'라는 제목의 기사가 실린다.

일간 신문을 읽어보면 촛불을 켜고 하는 저녁식사, 구강 청결제, 페이스북의 잦은 사용, 수돗물과 같은 것들이 암 발생의 원인이 될 수 있다고 한다. 이러한 이야기들은 약간의 소금을 쳐서 먹어야 한다. 하지만 이 역시 암 발생의 위험을 증가시킬 것이다.

일부에서는 노화방지 제품 산업의 열정을 반영한 기술적인 용어를 사용한다. 그들의 광고는 '임상적으로 증명된', 또는 '피부과 의사가 증명한'과 같은 뜻이 애매한 문구들로 가득 차 있다. 이런 용어들은 인상 깊게 들리지만 공허하기 이를 데 없는 선전 문구에 지나지 않는다.

코지산이나 보스웰록스와 같은 알 수 없는 성분들이 혼란을 부추긴다. 여기에는 다음과 같은 문제들이 있다. 누가 이 물질을 시험했는가? 화장품의 경우에는 암 치료제와 같은 엄격한 실험을 하지 않는 것이 보통이다. 우리는 그저 제품이 효과가 있다는 생산자의 말만을 믿거나 제작자들에게서 많은 돈을 받는 유명인의 증언을 들을 뿐이다.

이들의 주장을 비판하는 사람들은 어디에 있는가? 신문이나 잡지는 이런 일에 끼어들기를 싫어한다. '놀라운 성능을 가진 새로운 스킨로션'이라는 제목이 '새로운 제품은 별 효과가 없다'라는 제목보다 훨씬 사람들의 관심을 끈다. 편집진으로 흘러들어가는 많은 광고 비용에 대해서는 말할 것도 없다. 나는 모든 보습제와 주름 개선 크림이 효과가 없다고 이야기하려는 것이 아니다. 그러나 우리는 얼마 안 되는 화장품에 많은 돈을 낭비하기 전에 비판적으로 제품을 바라볼 필요가 있다.

미확인 생물연구 Cryptozoology   미확인 생물연구는 과학적으로 증명되지 않은 동물이나 오래 전에 멸종된 것으로 믿어지는 동물들에 대하여 연구하는 것을 말한다. 여기에는 유니콘, 빅풋, 네스호 괴물, 살아 있는 털북숭이 매머드 떼에 대한 연구가 포함된다. 이것은 사이비 과학의 색다른 분야이다.

이런 연구에서 다루는 대부분의 동물은 과학적 근거가 없는 것들이지만 가끔씩 실제로 존재한다는 것이 밝혀지기도 한다. 오카피와 대왕 오징어는 실제로 발견되기 전까지 전설로 취급됐었다. 실러캔스는 1938년에 살아 있는 표본을 발견하기 전까지는 6500만 년 전의 화석에서만 발견할 수 있는 동물로 생각했었다.

하늘과 땅에는 과학자들의 교과서에는 없는 것들이 많이 있다. 그러나 거대한 동물이 새로 발견되는 일은 아주 드물다.

유명한 과학자들

뉴턴의 사과,
다윈의 핀치,
그리고 아인슈타인의
나쁜 수학 성적

뉴턴은 머리에 떨어지는 사과를 보고 중력이론을 발견했다.

과학의 신화를 깨트리는 목적을 가진 이 책은 인류 역사상 가장 위대한 과학자와 관련된 유명한 과학적 신화에 도전하지 않고는 끝낼 수 없다. 그러나 놀랍게도 이 이야기의 핵심에는 진실이 숨겨져 있다.

널리 알려진 이야기에 의하면 아이작 뉴턴은 1665년~1666년 사이에 흑사병을 피해 링컨셔에 있는 어머니의 농장에 머물고 있었다.

그는 우주의 신비, 특히 왜 달이 지구 주위를 계속 돌고 있는지에 대해 생각하며 사과나무 아래 앉아 있다가 사과가 그가 쓰고 있던 가발에 떨어졌을 때 명상에서 깨어났다. 그 순간 뉴턴은 사과와 달이 모두 지구가 잡아당기는 같은 힘인 중력의 영향을 받고 있다는 것을 깨닫게 되었다.

사과와 달은 모두 떨어지고 있지만 사과와 달리 달은 옆으로도 움직이고 있다. 이러한 움직임이 중력의 의한 하락과 균형을 이루기 때문에 달이 지구에 도달하지 않는다는 것을 알게 되었다. 그는 계속해서 거리 제곱에 반비례하는 중력법칙과 운동법칙을 유도해 냈다.

그러나 뉴턴은 떨어지는 사과에 맞은 이야기를 쓴 적이 없다. 우리는 다른 사람들이 전해준 소문만 들을 수 있을 뿐이다. 후에 뉴턴과 친구가 된 골동품 수집가 윌리엄 스투클리가[24] 쓴 글에 포함된 이야기가 설득력이 있다.

'저녁을 먹은 후 날씨가 따뜻해 우리는 정원으로 나가 사과나무 아래서 차를 마셨다. 나와 뉴턴 두 사람뿐이었다. 다른 이야기를 하던 중에 그가 전에 중력에 관한 생각을 하고 있던 때와 비슷한 상황이라고 말했다. 왜 사과는 항상 땅을 향해 수직으로 떨어질까 하고 자신에게 물었다. 그가 사과나무 아래서 생각에 잠겨 있을 때 사과가 떨어졌다. … 물질이 다른 물질을 잡아당긴다면 잡아당기는 힘은 물질의 양에 비례할 거야. 따라서 사과도 지구를 잡아당기고, 마찬가지로 지구도 달을 잡아당길 거야.'

뉴턴은 이 이야기를 볼테르를 포함한 다른 사람에게도 했다. 따라

---

24) 이 사람은 중국의 만리장성이 달에서 볼 수 있는 유일한 인공 구조물이라는 신화를 만들었던 사람과 동일 인물인 윌리엄 스투클리이다(4쪽 참조).

서 우리는 이 이야기가 후세 작가가 아니라 뉴턴에게서 시작되었다는 것을 확실하게 알 수 있다. 그렇다면 정말 이런 일이 실제로 있었을까? 그것을 알 수 있는 방법은 없다. 뉴턴은 이 이야기를 그가 중력 이론에 대한 연구를 시작하고 50년이나 지난 말년에 했다.

이 이야기는 꾸며낸 이야기거나 오랜 시간이 흘러 잘못 기억하고 있는 이야기일 수도 있다. 그리고 어디에도 뉴턴의 머리에 사과가 떨어졌다는 이야기는 없다. 그럼에도 지어낸 이야기라고 치부할 수 없는 것은 뉴턴 자신이 이 이야기를 만들어낸 사람이기 때문이다.

뉴턴에게 중력 이론의 영감을 일깨워 주었다고 알려진 나무는 오늘날에도 볼 수 있다. 그랜담 근처에 있는 뉴턴의 생가 울즈소프 저택을 방문하는 사람들은 나이가 많은 나무를 볼 수 있다. 그러나 이 나무 아래 앉아 우주를 명상하는 것은 가능하지 않을 것이다. 영감을 찾는 여행자들에 의한 손상을 방지하기 위해 최근에 버드나무 스크린이 설치되었기 때문이다.

찰스 다윈이
최초로 진화론을 제안했다

여기 다윈의 글에서 인용한 글이 있다. 문장이 약간 복잡하지만 읽어보기 바란다.

'지구가 생겨난 이후 아주 오랜 시간 동안에, 인류의 역사가 시작되기 훨씬 전에 모든 온혈 동물들이 하나의 생명체로부터 시작되었다고 상상하는 것은 지나치게 대담한 발상일까? 동물의 특징을 가지고 있었던 이 위대한 최초의 생명체는 새로운 부분을 획득하는 능력과 자극, 감각, 의지, 교제를 통해 새로운 성질을 가지게 되었으며, 계속 발전할 수 있는 능력을 가지게 되었다. 그리고 이러한 발전된 성향을 자손에게 물려줄 수 있게 되어 세상은 끝없이 발전하게 되었다.'

다윈이 말하려고 하는 것은 오늘날의 동물들이 수백만 년 전에 지구에 나타난 전혀 다른 생명체인 하나의 공통 조상으로부터 시작되었다는 것이다. 이것이 다윈의 진화론이다. 그러나 이러한 생각은 찰스 다윈이 아니라 그의 할아버지가 처음 생각해낸 것이었다.

찰스 다윈의 할아버지인 에라스무스 다윈은[25] 뛰어난 작가 겸 사상가였다. 그는 손자인 찰스 다윈이 종의 기원을 출판하기 70년 전인 1789에 이미 진화에 대해 생각하기 시작했다. 그는 자신의 생각을 상당 부분 발전시켰고, 진화에 대한 시를 쓰기도 했다. 그러나 그의 직관을 증명해줄 증거는 남아 있지 않다.

당시로서는 진화에 대한 생각이 매우 급진적인 것이었다. 오랫동안 대부분의 사람들은 지구의 동물이나 식물은 변하지 않는 것이라고 믿어왔다. 사자는 항상 사자였고, 앞으로도 여전히 사자일 것이라고 생각했다. 기독교적 전통에서는 신이 사람을 만들기 전 하루나 이틀 동안에 동물을 만들었다.

이와 비슷한 창조 신화는 세계 여러 곳에서 발견된다. 동물이 다

---

25) 다윈 가계는 유명인들을 많이 배출한 가계로 유명하다. 찰스 다윈은 유명한 작가 조시아의 딸이었던 그의 사촌 엠마 웨지우드와 결혼했다. 찰스와 엠마의 아들 조지가 달 형성에 관한 이론을 제안했고(후에 틀린 것으로 밝혀지기는 했지만), 왕립 천문학회 회장을 지냈다는 것은 잘 알려져 있지 않다. 조지의 아들 찰스는 수소 원자 스펙트럼의 미세구조를 밝혀냈고, 딸 그웬 라버랏은 유명한 나무 조각가가 되었다. 다른 친척과 후손들 중에는 경제학자 존 메이너드 케인즈, 작곡가 랄프 보간 윌리엄스 등도 포함된다.

른 형태의 동물로 변해간다는 생각은 우스갯소리가 아니라면 대부분의 사람들에게 모욕적인 말로 들릴 것이다.

그러나 이것만이 세상을 바라보는 유일한 방법이 아니었다. 그리고 에라스무스가 이런 생각에 도전한 첫 번째 사람도 아니었다. 고대 이래 철학자들은 때때로 새로운 종이 만들어진다는 생각을 했다. 다만 그들은 새로운 종의 창조가 신의 도움을 받아 이루어진다고 보았다.

에라스무스 다윈은 1796년에 발표한 주노미아에서 그 당시로서는 가장 발전된 이론을 제안했다. 그의 생각은 19세기에 장 밥티스트 라마르크와 같은 사람들에게 전해졌다. 라마르크는 동물들이 일생동안 획득한 형질을 자손에게 전달한다는 용불용설에 의한 진화론을 제안했다. 라마르크의 진화론에서는 기린이 더 높은 나무 위의 먹이를 먹으려고 노력하다 보니까 긴 목을 가지게 되었다고 설명했다.

1844년에 발표한 로버트 체임버의 《창조의 자연 역사의 흔적》에서는 진화론의 종의 변화를 우주적인 맥락에서 설명하여 한층 진전시켰다. 이 책은 여러 가지 면에서 결함을 가지고 있었고, 많은 경우에 신의 간섭을 허용했다. 다윈은 이 책의 내용을 좋아하지 않았지만 이 책이 '비슷한 견해를 받아들이는 바탕을 준비했다'고 평가했다. 다시 말해 몇 년 후에 발표된 《종의 기원》이 받아들여지는 토양을 제공했다는 것이다.

그리고 패트릭 매튜의 생각도 빼놓을 수 없다. 스코틀랜드에서 과

수원을 가꾸는 농부였던 매튜는 자연 선택의 메커니즘이 포함된 책을 출판한 1831년에 자연 선택에 의한 진화를 생각하고 있었다. 불행하게도 그는 자신의 생각을 해군 목재를 다루는 책의 부록의 일부로 실었다. 30년이 지난 다음《종의 기원》이 출판된 후 매튜가 주위를 환기하기 전까지는 아무도 이 사실을 몰랐다.

다윈은 매튜의 통찰력을 인정하고 '나는 매튜 씨의 견해가 매우 간략하게 설명되어 있어 나를 포함해 아무도 매튜 씨의 견해를 알지 못했다는 것이 놀라운 일이 아니라고 생각한다'고 말했다.

경쟁적인 이론은 1859년에《종의 기원》이 출판되기 직전까지도 계속 등장했다. 실제로 다윈은 동료 자연주의자인 알프레드 러셀 월리스가 독자적으로 비슷한 결론에 도달했다는 소식을 듣고 그 해에 그의 긴 논문을 출판했다.

다윈과 월리스는 진화론의 대략적인 내용을 처음으로 출판했다는 명예를 공유하고 있다. 이 내용이 포함된 논문은 1858년 7월 1일에 린넨 협회에 제출되었다.《종의 기원》은 15개월 후에 출판되었다.

이상하게도 다윈의 진화론과 관련된 핵심적인 용어들이《종의 기원》의 초판에서는 발견되지 않는다. 초판에서는 진화론이라는 단어도 사용되지 않았다. 다윈은 진화된evolved라는 표현을 단 한 번 사용했다. 그리고 그것은 이 책의 마지막 단어였다.

' … 매우 단순한 출발로부터 가장 아름답고 가장 놀라운 수없이 많은 형태의 생명체가 진화되었고, 진화되고 있다.'

종의 기원의 초판에서는 '적자생존'이라는 말도 사용하지 않았다. 이 말은 1864년에 허버트 스펜서가 다윈의 책을 읽은 후 처음 사용했다. 다윈은 이 표현을 매우 좋아해 《종의 기원》의 재판에 사용했다.

다윈의 진화론에서 핀치의 역할 역시 지나치게 강조되었다. 많은 사람들은 이 이야기를 학교에서 배운다. 갈라파고스를 여행하는 동안 다윈은 섬마다 다른 종류의 핀치가 살고 있는 것을 발견했다. 그들은 모두 환경에 잘 적응되어 있었다. 핀치를 발견한 순간 다윈은 핀치의 조상이 육지로부터 섬으로 날아와 정착한 후 지리적 격리에 따라 시간이 지나면서 다른 종류의 먹이를 먹는데 유리하도록 다른 형태의 부리를 갖게 되었다는 생각을 하게 되었다는 것이다. 이런 생각은 모든 종이 신에 의해 창조되었으며 절대로 변할 수 없다는 전통적인 생각과는 다른 생각이었다. 따라서 갈라파고스의 핀치는 다윈이 자연 선택에 의한 진화를 생각해내는 데 많은 도움을 주었다.

우리는 쉽게 갈라파고스 해변에 앉아 소매를 걷어 올리고 핀치에게 다른 섬에 있는 사촌은 작은 부리를 가지고 있는데 왜 너는 그렇게 강한 부리를 가지고 있는지에 대해 물어보고 있는 다윈을 상상할 수 있다. 그러나 실제로 그런 일이 있었는지는 매우 의심스럽다. 다윈은 갈라파고스 제도의 핀치에 대해서는 별 관심이 없었던 것 같다. 대신 그는 입내새에 관심을 가지고 있었다.

탐험여행 동안에 다윈은 여러 마리의 핀치를 잡았고, 이들이 후에 다윈의 생각에 도움을 주었을 가능성은 있다. 그러나 갈라파고스에 있는 동안에 다윈은 핀치를 수집하는 일을 다른 사람에게 맡겼다. 그리고 오랜 시간이 지난 후에야 핀치의 분화에 대해 생각하게 되었다.

핀치뿐만이 아니었다. 갈라파고스에서 수집한 표본들 중에는 핀치와 조금 연관이 있는 풍금조라고 불리는 새들도 포함되어 있었다. 그럼에도 불구하고 1936년부터 여러 섬에서 수집한 새들을 '다윈의 핀치'라고 부르게 되었다.

핀치 역시《종의 기원》에서는 거의 찾아보기 어렵다. 핀치라는 이름은 여섯 번째 판에 세 번 등장한다(여기서도 다윈은 갈라파고스의 새들을 포괄적으로 다뤘다). 이와는 대조적으로 타조는 14번이나 등장한다. 개똥지빠귀는 18번 등장하고 비둘기는 113번이나 언급되었다. 핀치는 비글호 여행기에 16번 언급되고 있다. 다윈의 탐험 여행을 다룬 이 책에서 다윈은 핀치의 부리의 변이에 대해 언급했다.

《종의 기원》과 관련된 또 다른 오해들도 많이 있다. 보통 사람들은 이 책에서 인류가 원숭이나 침팬지로부터 진화했다고 설명하고 있을 것으로 추정한다. 하지만 이 책에는 그런 내용이 없다. 다윈은 논란의 여지가 있는 이 주제를 1871년에 출판한 인류의 출현을 다룬 책을 위해 남겨 놓았다. 심지어는 제목도 혼동을 가져온다. 원래의 정식 제목은《자연 선택에 의한 종의 기원에 대하여(On the

Origin of Species by Means of Natural Selection), 또는 생존 경쟁에서 경쟁력이 있는 종의 보존(the Preservation of Favoured Races in the Struggle for Life)》이었다. 이것을 줄여 보통 《종의 기원에 대하여 On the Origin of Species》라고 부르고 있다. 그러나 여섯 번째 판본에서는 초판에 있던 'On'이 빠졌다.

이 책을 《종의 기원 The Origin of Species》이라고 부르는 것이 잘못되었다고 주장하는 글을 보면서 이것은 그렇게 중요한 일이 아니라는 생각을 했다. 만약 완성본이라고 받아들여지고 있는 여섯 번째 판본을 이야기하는 것이라면 《종의 기원》이라고 부르는 것이 틀리지 않는다. 책의 제목도 생명체의 종과 마찬가지로 진화한다.

아인슈타인은 학생 때
수학 성적이 좋지 않았다

아인슈타인의 수학 성적에 관한 이야기는 오랫동안 수학에 어려움을 겪고 있던 많은 사람들에게 희망을 주었다. 20세기의 가장 위대한 과학자인 아인슈타인이 덧셈을 잘못했다면 모든 사람들이 희망을 가져도 좋을 것이다.

알베르트 아인슈타인이 수학 시험에서 떨어졌다는 이야기는 아인슈타인이 살아 있을 때부터 널리 알려진 이야기였다. 그러나 이것이 사실이 아니라는 것은 쉽게 알 수 있다.

초등학교 시절부터 아인슈타인이 학급에서 1등을 했다는 증거가 남아 있다. 그는 수학에서 다른 학생들보다 앞서 나갔고, 기하학과 대수학의 기본을 스스로 공부했다. 아인슈타인 자신의 말을 빌리면 그는 열다섯 살 이전에 '미분과 적분을 마스터했다.' 오늘날에도 그

나이에 미분의 개념을 모르는 학생들이 많다.

열일곱 살 때 아인슈타인이 치른 입학허가 시험 성적은 인터넷에서 쉽게 찾아볼 수 있다. 입학 허가서에 의하면 아인슈타인은 대수와 기하학, 물리학 그리고 역사에서 만점인 6점을 받았다.

아인슈타인의 성적이 나빴다는 신화는 아마도 스위스에서 비롯되었을 가능성이 있다. 아인슈타인은 스위스에서 학교를 다닌 적이 있는데 1점이 가장 좋은 성적을 나타내던 독일에서와는 달리 스위스에서는 1점이 가장 낮은 성적을 나타냈다. 독일 교육제도에 익숙한 사람이 아인슈타인의 스위스 성적표를 보면 아인슈타인의 성적은 형편없는 것으로 보였을 것이다. 그리고 아인슈타인은 처음 취리히에 있는 스위스 연방 공과대학 입학시험에 떨어진 적이 있다. 그러나 이때도 수학과 물리학 성적은 뛰어났었다.

아인슈타인이 나이를 먹은 후에 수학으로 인해 어려움을 겪은 것은 사실이다. 그는 항상 물리학에 열정적이었다. 그 당시의 물리학은 오늘날의 물리학처럼 복잡한 수학을 사용하지 않았다. 그는 자주 수학 강의에 결석했고 후에 자신의 이론을 개발하기 위해 좀 더 복잡한 방정식을 필요로 하게 되자 수학을 다시 공부하기 위해 어려운 시간을 보내야 했다. 이것은 전문적인 높은 수준의 수학에 관한 이야기이다. 만약 아인슈타인이 이런 것을 공부하는 데 조금 더 시간을 소비했다고 수학에 재능이 없었다고 말한다면 파바로티가 물속에서 요들송을 부르지 못한다고 형편없는 성악가라고 하는 것이나 마찬가지일 것이다.

종종 단지 소수의 사람들만이 아인슈타인의 상대성이론을 진정으로 이해한다는 이야기를 한다. 한때는 그 이야기가 사실이었을지 모르지만(상대성이론이 처음 발표되고 몇 주 동안은) 지금은 사실이 아니다. 물리학을 전공한 학생이라면 누구나 상대성이론의 기본 개념을 파악하고 있다. 그리고 많은 과학자들이 아인슈타인보다도 상대성이론을 더 깊이 이해하고 있다.

일반상대성이론을 발표하고 6년이 지난 1921년에 아인슈타인은 이 신화에 대한 질문에 다음과 같이 대답했다.

"말도 안 된다. 충분한 과학 공부를 한 사람이라면 누구나 상대성이론을 이해할 수 있다. 상대성이론에는 신비한 것도 놀라운 것도 없다. 과학적 훈련을 받은 사람에게는 상대성이론이 아주 간단한 것이다. 미국에도 상대성이론을 이해하는 사람들이 많이 있다."

=9+7

DNA는 왓슨과 크릭이 발견했다

데옥시리보핵산 또는 DNA는 생명체의 청사진이라고 불리고 있다. 꼬인 리본 모양을 한고 있는 이 분자는 수백만 개의 원자들로 이루어져 있는데 이들의 결합 순서가 유전 정보이다. 유전 정보에는 생명체를 만들고 유지하는 데 필요한 모든 정보가 포함되어 있다. 지구상에 살고 있는 모든 생명체에게는 이것이 사실이다.[26]

이것은 식물, 동물, 곰팡이, 세균이 모두 같은 조상으로부터 진화했다는 것을 나타낸다.

우리 몸을 구성하고 있는 모든 세포는 핵 안에 꼬여 있는 약 2m

---

26) 에볼라, HIV, SARAS와 같은 많은 바이러스들은 DNA와 비슷한 긴 분자인 RNA의 지배를 받는다. 그러나 바이러스는 보통 생명체라고 간주하지 않는다.

길이의 DNA를 가지고 있다. 이것은 길이가 유럽만큼 긴 파이프가 정원에 있는 헛간 안에 들어가 있는 것과 같다. 이 헛간에는 파이프를 넣고도 잔디 깎기나 지난해에 크리스마스트리를 만드는 데 사용했던 작업대를 넣을 수 있을 만큼 공간이 남아 있다.

DNA를 발견한 명예는 1953년에 케임브리지에서 연구했던 제임스 왓슨과 프란시스 크릭에게 주어지는 경우가 많다. 그러나 DNA는 거의 100년 전에 이미 발견되어 있었다.

스위스의 생물학자 프리드리히 미셔는 병원에서 사용한 붕대의 고름에서 1869년에 처음으로 이 물질을 분리해냈다. 그는 자신이 발견한 것이 무엇인지 몰랐지만 그 물질이 세포핵에서 추출되었으므로 '뉴클레인'이라고 불렀다.

독일의 생화학자 알브레히트 코셀은 10년 후 이 물질에 대해 더 많은 연구 끝에 단백질을 제거한 다음 뉴클레인을 좀 더 흥미 있는 구성 성분으로 분리했다. 그는 DNA의 구성 성분을 처음으로 밝혀내고 이를 핵산이라고 불렀다. 핵산에는 A, C, G T라는 약자를 이용하여 나타내는 네 가지 종류가 있다. U라는 기호를 이용하여 나타내는 다섯 번째 종류도 있지만 그것은 여기에서는 중요하지 않다.

1919년이 되자 과학자들은 DNA에 대해서 알게 되었을 뿐만 아니라 구성 성분을 분리해내고, 이들이 결합하는 방법에 대해서도 어느 정도 이해하게 되었다. 그러나 이 분자의 기능은 왓슨과 크릭이 연구를 시작할 때까지 잘 알려져 있지 않았다. 1952년이 되어서야 단백질이 아니라 DNA가 다음 세대에 유전 정보를 전해준다는 것을 알게 되었다. 왓슨과 크릭이 한 일은 DNA의 3차원 구조를 밝혀낸 것이었다.

A-T 그리고 C-G 쌍이 바지랑대 역할을 하고 있는 이중나선 구조는 아름다울 뿐만 아니라 매우 기능적이다. 왓슨과 크릭은 그들의 저서에서 '우리는 곧 우리가 가정했던 특정한 쌍으로부터 유전 물질의 복사 과정을 유추해낼 수 있었다'라고 말했다.

유전자의 복제 과정은 곧 이해되었고 이로 인해 분자 생물학이라는 분야가 탄생했다. 런던 과학박물관에 가면 금속으로 만든 왓슨과 크릭의 이중나선 모형을 볼 수 있다.

마지막으로 왓슨과 크릭이 DNA 구조를 아무것도 없는 곳에서 만들어낸 것이 아니라는 것을 지적해두고 싶다. 그들의 통찰력은 런던 킹스 칼리지에서 연구하고 있던 로잘린드 프랭클린, 마우리스 윌킨스 그리고 그들 동료들의 연구 결과를 바탕으로 했기 때문에 가능했다. 윌킨스는 왓슨과 크릭과 함께 1962년에 노벨 생리 의학상을 공동수상했다. 그러나 프랭클린은 4년 전에 이미 세상을 떠난 뒤였다.

이 단어들을 올바로 읽을 수 있는가?

과학에는 복잡하고 긴 전문 용어들이 많이 사용된다. 맥주를 몇 잔 마시고 '아세틸콜리네스테라제'라고 말해보자. 때로는 간단한 구절도 예상밖의 발음을 가지고 있는 경우가 있다. 다음 단어들을 제대로 읽을 수 있는지 확인해보자.

비틀주스 Betelgeuse   오리온자리에서 두 번째로 밝은 별인 이 별의 이상한 이름은 '오리온의 손'이라는 의미의 아랍어에서 유래했다. 수 세기 동안 이 별 이름의 스펠링과 발음이 여러 가지로 변해왔다. 오늘날에는 1988년에 상영된 팀 버튼의 영화에서처럼 일반적으로 '비틀-주스'라고 읽는다. 그러나 '베텔-주스'라는 발음도 널리 사용되고 있다.

데이터 Data   대부분의 사람들은 '데이터'라고 읽는다. 그러나 일부 사람들은 '다-타'라고 읽는다. 둘 모두 올바른 발음이라고 할 수 있다. 그러나 〈스타 트렉: 다음 세대에서 온 안드로이드 컴맨더〉에서는 '데이-타'라고만 말했다.

오일러^{Euler} 레오나르드 오일러는 역사상 가장 위대한 수학자이다. 오늘날 고등 수학 교과서에서 발견할 수 있는 표기법의 대부분은 그가 처음 고안한 것이다. 여기에는 °, $f(x)$, e 그리고 i도 포함된다. 여기서는 이 기호들이 무엇을 의미하는지에 대한 설명은 생략한다. 다만 오일러의 이름을 '유레-어'가 아니라 '오일-어'라고 발음한다는 것만 이야기하고 지나가기로 하겠다. 이것은 수학에서 영감을 받은 영화 〈이미테이션 게임〉에서 반복해서 범했던 오류이다.

대형하드론 충돌가속기^{Large Hadron Collider} 강조해서 이야기하지만 중간 단어의 'd'와 'r'의 순서를 바꾸지 말기 바란다.

네안데르탈인^{Neanderthal} 현생인류의 4촌인 네안데르탈인에 대해서는 앞에서도 여러 번 이야기했다. 다른 종과 성관계를 가진 복잡한 역사를 가지고 있을 뿐만 아니라 스펠링과 발음 역시 매우 복잡하다.

1856년에 최초로 화석이 발견된 독일 골짜기의 이름을 따라 처음에는 'Neanderthal'이라고 불렀다. 이 골짜기는 독일 철자법의 변화에 따라 현재 'Neandertal'이라고 불린다. 따라서 네안데르탈인의 스펠링에서도 일반적으로 'h'를 빼는데 두 가지 스펠링 모두 옳은 것으로 간주하고 있다. 그러나 네안데르탈인의 라틴어 명칭이 호모 네안데르탈렌시스^{Homo neanderthalensis}여서 'Neanderthal'이라고 해야 한다고 주장하는 사람들이 많다. 발음의 경우에도 비슷한 논란이 계속되고 있다. 원래 독일 발음대로 't' 발음을 강하게 하는 것이 일반적이지만 'th' 발음을 고집하는 경우도 있다. 특히 북아메리카에서 그렇다.

특허[Patent]   대서양을 사이에 두고 발음이 다른 또 하나의 단어가 이 단어이다. 영국 사람들은 '페이-툰트'라고 말하지만 미국에서는 보통 '팥-운드'라고 발음한다.

쿼크[Quark]   아원입자를 가리키는 이 단어의 발음은 '샤크'보다는 '포크'에 가깝다. 1964년에 쿼크 이론을 제안한 물리학자인 뮤레이 겔만은 머리 속에 쿼크[quork]라는 단어를 그리고 있었다. 그는 당시 우연히 읽기 어려운 책인 《피네간의 경야》라는 책에서 다음과 같은 구절을 발견했다.
'머스터 마크를 위한 세 개의 쿼크!'
그는 이 문장의 뜻을 이해할 수 없었다. 그러나 쿼크가 세 개인 것으로 생각하고 있었으므로 놀라운 우연의 일치라고 생각했다. 조이스가 '마크'나 '바크'와 운을 맞추기 위해 '콰크[quark]라고 해야 한다고 하는 것이 문제였지만 겔만은 '쿼크[qwork]'라는 발음을 고집했다(그는 '머스터 마크를 위한 세 개의 쿼크'가 실제로는 세 개의 쿼츠(맥주의 양을 재는 단위)라고 생각하고 자신의 발음을 정당화시켰다).
오늘날의 대부분의 물리학자들은 '쿼크'라고 말하고 있다. 이 이름은 〈스타 트렉: 디프 스페이스 나인〉에 등장하는 페렝기 바텐더에 의해 강조되었다. 그러나 '콰크[qwark]'도 일반적으로 사용되고 있다.

천왕성^{Uranus} 확실한 이유로 전문가들은 이 단어를 '유어-라누스'가 아니라 '유라-누스'라고 발음할 것이다. 이 단어의 발음 문제는 일어나지 않을 수도 있었다. 천왕성을 발견한 윌리엄 허셜은 이 별의 이름을 영국 왕의 이름을 따서 조지의 별이라고 부르고 싶어 했다.

새로운 신화를 만들어보자

많은 과학적 신화를 깨트렸으므로 그것들을 대신할 새로운 이야깃거리를 만들어 퍼트릴 차례이다.

- 아이작 뉴턴은 매주 무지개의 여러 색깔로 머리를 염색했다. 그가 대중 앞에 거의 나타나지 않았고 항상 가발을 썼기 때문에 그것을 눈치챈 사람은 거의 없었다.
- 소리는 외계에서는 전파될 수 없다. 그러나 B-플랫 반음은 예외이다. 아무도 그 이유를 모른다.
- 지구의 달은 치즈로 만들어지지 않았지만 토성의 위성인 하이페리온은 두부와 비슷한 물질로 만들어졌다.
- 호모 덴티피칸스는 마지막 빙하기에 북쪽의 황량한 땅에서 사냥하던 사라진 인류이다. 이 유원인은 털이 많은 피부와 엄니처럼 생긴 앞니를 가지고 있었다.
- 찰스 다윈의 풍성한 턱수염에는 피리새의 둥지가 있었다.
- 아다 로벨리스는 세계 최초의 컴퓨터 프로그래머였을 뿐만 아니라 롤캣과 리크롤링도 발명했다.

- 원자번호 67은 셜록 홈즈의 이름을 따서 홀뮴이라고 명명했다. 셜록 홈즈 탐정이 '이건 기본^{elementary}이야, 왓슨'이라는 말을 자주 했으므로 원소^{element}의 이름에 그의 이름을 붙인 것은 적절한 것이었다.

- 1952년에는 전반적으로 과학에 흥미가 없어 노벨 화학상이 수여되지 않았다.

- 숨을 참으면 시간이 느리게 간다. 그 효과는 아주 작아서 복잡한 장치를 이용해야만 측정할 수 있다.

- 왕실 천문학자는 왕에게 충성을 맹세할 때 공공연한 장소에서 천왕성에 대한 농담을 하지 않겠다는 약속을 해야 한다.

- 마이클 패러데이가 살아 있는 동안에는 한 번도 입지 않았던 실험실 가운을 죽은 후에 입혀 묻었다.

- 대형 하드론 충돌 가속기의 최초 계획에는 일반인들의 참여를 독려하기 위해 터널 안을 달리는 '과학적인 유령 기차'의 설치가 포함되어 있었다.

- 주머니개미핥기는 삼중 표준 DNA를 가지고 있는 유일한 동물이다.

추가 정보

과학적인 문서는 아주 많다. 정말 많다. 2010년에 했던 한 추정에 의하면 350년 전에 왕립협회에서 처음 과학 논문을 출판한 이후 5000만 편의 과학 논문이 출판되었다. 20초마다 새로운 논문이 나오고 있다. 여기에 수없이 많은 교과서와 잡지, 웹사이트, 대중 과학 서적, 비디오테이프를 더해야 한다. 따라서 더 많은 정보를 얻을 수 있는 것은 그야말로 얼마든지 있다. 같은 이유로 어떤 종류의 저서도 완전할 수 없다.

대신에 나는 시작하기에 적당한 몇 권의 책을 제안하려고 한다. 최근에 출판된 가장 좋은 '초보자 안내서'는 빌 브리슨이 쓴 《거의 모든 것의 짧은 역사(Doubleday, 2005)》일 것이다. 과학자가 아니었던 브리슨은 국외자의 관점에서 우주에 대한 큰 질문들을 새롭게 조명했으며, 과학의 역사에 등장하는 다양한 인물들을 잘 소개하고 있다. 나는 인류의 역사를 다룬 유발 하라리의 《사피엔스(Harper, 2014)》도 재미있게 읽었다. 물리학과 우주론 분야에서는 칼 세이건이 쓴 다양한 책들보다 간단한 언어 속에 더 놀라운 영감을 불어넣을 수 있는 책은 없을 것이다. 모든 사람들은 다윈의 《종의 기원》을 읽어야 할 것이다. 이 책은 인간의 사고가 만들어낸 가장 위대한 걸작이면서도 뉴턴의 《프린키피아》와는 달리 이해하기 쉽고 재미있다.

만약 큰 도시에 살고 있다면 스스로를 회의론자(skeptics, 영국 스펠링과는 달리 'c'가 아니라 항상 'k'를 사용하는)라고 칭하는 사람들을 만나보기 바란다. 이 사람들은 묻기를 좋아하는 비판적인 사람들로 여러 가지 형태의 사이비 과학의 정체를 밝히는 데 앞장서는 사람들이다. 이 사람들은 항상 술집이나 카페와 같은 비공식적인 장소에서 만나며, 명망 있는 강사들을 모셔서 강의를 듣기를 좋아한다. 이들과 함께 하면 많은 과학적 사실을 배우게 될 수 있을 뿐만 아니라 비판적인 사고를 기를 수 있고 새로운 친구들을 사귈 수 있을 것이다. 이 모임에 대해서 더 자세한 내용을 알고 싶으면 우주에 대한 회의론자들의 지침서를 읽어보기 바란다.

과학은 항상 발전하고 진화하며 새로운 것을 발견한다. 따라서 새로운 과학적 발전을 따라 가는 것이 중요하다. 대부분의 신문들은 중요한 발견을 심도 있게 다루고 있다. 그러나 더 자세한 내용을 알고 싶으면 〈뉴 사이언티스트〉나 〈사인언티픽 아메리카〉와 같은 잡지를 사서 읽기를 바란다. 이런 잡지를 읽는 데는 과학적 기본 소양이 필요 없다. 이런 잡지들은 과학 분야에서 일하고 있는 사람들뿐만 아니라 과학과 관련 없는 일을 하는 사람들에게도 유익한 잡지들이다.

따라서 흥미 있는 것들을 찾아 나서라. 그리고 무엇보다도 꼬치꼬치 캐묻는 일을 멈추지 말기 바란다.

감사의 말

언제나와 마찬가지로
우리 딸 홀리가 세상에 태어난 처음 몇 달 동안
이 책을 쓰기 위해 자주 집을 비운 나를 참아준
나의 아내 헤더에게 감사드린다.

찾아보기